# 我的第一本
# 趣味物理书 2

古 青◎编著

中国纺织出版社有限公司

# 内 容 提 要

物理学是一种自然科学，是关于大自然规律的知识，更广义地说，物理学探索分析大自然所发生的现象，以了解其规律。学习物理，有助于挖掘我们的想象力和科学思维能力。

本书从生活中与物理有关的故事和现象出发，逐渐引入物理知识，激发小朋友们的联想力，学会科学地思考，并将物理知识运用到实际中去，相信阅读和学习完本书，小朋友们会发现原来学习物理也十分有趣。

**图书在版编目（CIP）数据**

我的第一本趣味物理书.2 / 古青编著. —北京：中国纺织出版社有限公司，2020.5 (2022.8重印)
ISBN 978-7-5180-7148-7

Ⅰ.①我… Ⅱ.①古… Ⅲ.①物理学—青少年读物 Ⅳ.①04-49

中国版本图书馆CIP数据核字（2020）第004390号

责任编辑：闫　星　　责任校对：江思飞　　责任印制：储志伟

中国纺织出版社有限公司出版发行
地址：北京市朝阳区百子湾东里A407号楼　邮政编码：100124
销售电话：010-67004422　传真：010-87155801
http：//www.c-textilep.com
中国纺织出版社天猫旗舰店
官方微博http：//weibo.com/2119887771
三河市宏盛印务有限公司印刷　各地新华书店经销
2020年5月第1版　2022年8月第3次印刷
开本：880×1230　1/32　印张：7
字数：125千字　定价：24.80元

# 前言

亲爱的小读者们，不知道细心的你可曾留意过这样一些生活现象并思考其产生的原因：

洗完头发用吹风机吹为什么头发会迅速变干？

秋冬天为什么头发会产生静电？

自行车路过的地方为什么会有车辙痕迹？

切菜的菜刀刀刃为什么越薄越好？

烧水时为什么开水不响响水不开？

冬天往玻璃杯里倒水，玻璃杯为什么会爆炸？

彩虹是怎么形成的？

我们生活里常用的电灯电话是谁发明的呢？

……

这些知识其实都属于物理学范畴。那么，什么是物理学呢？

物理学是研究物质运动一般规律和物质基本结构的学科。作为自然科学的带头学科，物理学研究大至宇宙，小至基本粒子等一切物质最基本的运动形式和规律，因此成为其他各自然科学学科的研究基础。它的理论结构充分地运用数学作为自己的工作语言，以实验作为检验理论正确性的唯一标准，它是当今最精密的一门自然科学学科。

也许你会认为物理学遥不可及，其实不然，物理学与我们的生活息息相关，小到我们生活中的水电煤气、饮食方法，大到宇宙万物的运动形式与规律，都与物理学有关。并且，随着科学的飞速发展，物理学也为我们的生活带来日新月异的变化。

如果你细心观察，你会发现，物理学和我们的日常生活联系紧密，接下来，让我们打开这本《我的第一本趣味物理书2》，一起来探索它的奥秘吧。

本书通过生活中一些看似简单却暗含物理知识的小故事，引导小朋友们去思考背后的原因，以此对物理现象有更深的了解，并且把这些知识运用到生活中去。相信阅读和学习完本书知识，你能对物理产生浓厚的兴趣，继而为未来学习物理打下坚实的基础，成为一个小物理学家。

编著者

2019年6月

# 目录

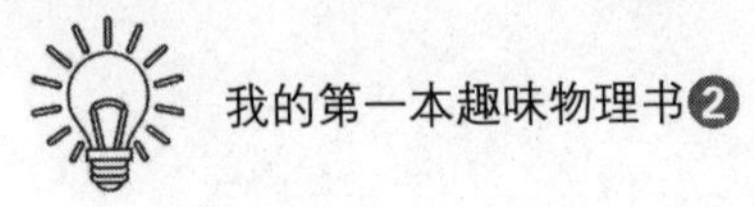

# 第1章

# 走进物理，你知道这些奇妙的物理现象背后的原因吗

小朋友们，相信你在生活中听说过这样一些词语：震耳欲聋、一叶障目、镜花水月等，这些成语虽是语文上的知识，但背后所蕴含的科学知识你可曾考虑过？其实这些奇妙的现象，我们从物理的角度都能给予解释，接下来，我们就来看看这些有趣的物理现象吧。

## 撬动地球——你只需要一个支点

小乐的家住在本市比较出名的西郊公园附近，周末写完作业，他都会和妈妈一起去那边玩玩，呼吸呼吸新鲜空气。

这不，妈妈和小乐又来了。

小乐走着走着，在假山区看到他的小伙伴小雷，二人便玩开了。

小雷指着一块石头说："王乐乐，你能搬起这块石头吗？"

"开玩笑，我可是全班的大力士。"说完，小乐就跃跃欲试，但一个十岁的孩子，力气大不到哪里去，石头没搬起来，自己倒累得瘫坐在地上。这可乐坏了小雷，只见他缓缓地从旁边拿起一根木头，轻轻地就撼动了石头，然后挪到其他地方了。

小乐不得不服，问他是怎么做到的，小雷说："很简单啊，杠杆原理，利用这一原理，你给我个支点，我就能撬动地球。"

"什么是杠杆原理？有这么神吗？"

杆杠原理是物理学范畴，物理学家阿基米德有这样一句名言："给我一个支点，我就能撬动地球！" 阿基米德在《论平面图形的平衡》一书中最早提出了杠杆原理。他首先把杠

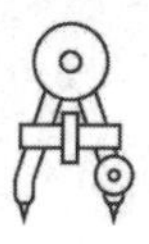

杆实际应用中的一些经验知识当作“不证自明的公理”，然后从这些公理出发，运用几何学通过严密的逻辑论证，得出了杠杆原理。这些公理是：（1）在无重量的杆的两端离支点相等的距离处挂上相等的重量，它们将平衡；（2）在无重量的杆的两端离支点相等的距离处挂上不相等的重量，重的一端将下倾；（3）在无重量的杆的两端离支点不相等距离处挂上相等重量，距离远的一端将下倾；（4）一个重物的作用可以用几个均匀分布的重物的作用来代替，只要重心的位置保持不变。相反，几个均匀分布的重物可以用一个悬挂在它们的重心处的重物来代替；（5）相似图形的重心以相似的方式分布……

正是从这些公理出发，在“重心”理论的基础上，阿基米德发现了杠杆原理，即“二重物平衡时，它们离支点的距离与重量成反比”。阿基米德对杠杆的研究不仅仅停留在理论方面，而且据此原理还进行了一系列的发明创造。据说，他曾经借助杠杆和

滑轮组，使停放在沙滩上的桅杆顺利下水，在保卫叙拉古免受罗马海军袭击的战斗中，阿基米德利用杠杆原理制造了远、近距离的投石器，利用它射出各种飞弹和巨石攻击敌人，曾把罗马人阻于叙拉古城外达3年之久。

杠杆原理广泛应用在许多领域中。阿基米德曾讲：“给我一个立足点和一根足够长的杠杆，我就可以撬动地球”。在常规的管理活动中，能够显现和发挥作用的杠杆原理，其着眼点被浓缩和概括为，责权利关系在平衡与失衡状态下的种种表现。

在使用杠杆时，为了省力，就应该用动力臂比阻力臂长的杠杆；如果想要省距离，就应该用动力臂比阻力臂短的杠杆。因此使用杠杆可以省力，也可以省距离。但是，要想省力，就必须多移动距离；要想少移动距离，就必须多费些力。要想又省力而又少移动距离，是不可能实现的。

杠杆的支点不一定要在中间，满足下列三个点的系统，基本上就是杠杆：支点、施力点、受力点。

其中公式这样写：动力×动力臂=阻力×阻力臂，即$F_1 \times L_1 = F_2 \times L_2$，这样就是一个杠杆。杠杆也有省力杠杆跟费力的杠杆，两者皆有但是功能表现不同。例如有一种用脚踩的打气机，或是用手压的榨汁机，就是省力杠杆（力臂 > 力距），但是我们要压下较大的距离，受力端只有较小的动作。另外有一种费力的杠杆。例如路边的吊车，钓东西的钩子在整个杆的尖端，尾端是支点、中间是油压机（力矩 > 力臂），这就是费力的杠

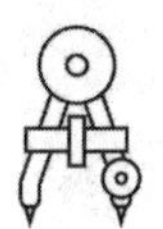

杆，但费力换来的就是中间的施力点只要动小距离，尖端的挂钩就会移动相当大的距离。

这里还要顺便提及的是，在中国历史上也早有关于杠杆的记载。战国时代的墨子曾经总结过这方面的规律，在《墨经》中就有两条专门记载杠杆原理的。这两条对杠杆的平衡说得很全面。里面有等臂的，有不等臂的；有改变两端重量使它偏动的，也有改变两臂长度使它偏动的。这样的记载，在世界物理学史上也是非常有价值的。

杠杆原理亦称“杠杆平衡条件”。要使杠杆平衡，作用在杠杆上的两个力矩（力与力臂的乘积）大小必须相等，即：动力×动力臂=阻力×阻力臂，用代数式表示为$F_1 \cdot L_1=F_2 \cdot L_2$。式中，$F_1$表示动力，$L_1$表示动力臂，$F_2$表示阻力，$L_2$表示阻力臂。从上式可看出，欲使杠杆达到平衡，动力臂是阻力臂的几倍，动力就是阻力的几分之一。

## 一叶障目——光沿直线传播

这天放学后，小军回到家，发现奶奶来了。很久没看到孙子，奶奶问长问短：“军儿，今天在学校都学什么了啊？”

“数学和语文呗，数学就是一些简单的运算。语文嘛，下午最后一节课学了个成语——一叶障目。”

“呃，这个成语我知道意思，意思是目光短浅呗。”

“嗯，是啊，但是为什么会一叶障目呢？”

这时候，爸爸走过来，说：“其实这涉及到物理学上的知识——在同一介质中，光是沿直线传播的。”

小军点了点头。

《词典》中是这样解释“一叶障目”这个成语的：一片树叶挡住了眼睛，比喻目光短浅，为局部或暂时的现象所迷惑。

从物理学的角度来分析：光是沿直线传播的，树叶是不透明的物体，光线射到树叶上发生反射，不能射到人的眼睛里去，因此，人眼不能看到远处的物体。

自身能够发光的物体叫作光源。它分为两种，一种是自然光源，如太阳、萤火虫等；另一种是人造光源，如发光的电灯、点燃的蜡烛（烛焰）。

月亮不是光源。月亮依靠太阳的光反射而发光。火星也不是光源。

通过对光的长期观察，人们发现了沿着密林树叶间隙射到地面的光线形成射线状的光束，从小窗中进入屋里的日光也是这样。大量的观察事实，使人们认识到光是沿直线传播的。为了证明光的这一性质，大约二千四五百年前我国杰出的科学家墨翟和他的学生完成了世界上第一个小孔成像的实验，发现并解释了小

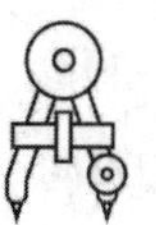

孔成像的原理。虽然他讲的并不是成像而是成影，但是道理是一样的。

在一间黑暗的小屋朝阳的墙上开一个小孔，人对着小孔站在屋外，屋里相对的墙上就出现了一个倒立的人影。为什么会有这奇怪的现象呢？墨家解释说，光穿过小孔如射箭一样，是直线行进的，人的头部遮住了上面的光，成影在下边，人的足部遮住了下面的光，成影在上边，就形成了倒立的影。这是对光直线传播的第一次科学解释。

为了表示光的传播情况，我们通常用一条带箭头的直线表示光的径迹和方向，这样的直线叫光线。

光在同种均匀的介质中是沿直线传播的。

光的直线传播性质，在我国古代天文历法中得到了广泛的应用。我们的祖先制造了圭表和日晷，测量日影的长短和方位，以确定时间、冬至点、夏至点；在天文仪器上安装窥管，以观察天象，测量恒星的位置。

此外，我国很早就利用光的这一性质，发明了皮影戏。汉初齐少翁用纸剪的人、物在白幕后表演，并且用光照射，人、物的影像就映在白幕上，幕外的人就可以看到影像的表演。皮影戏到宋代非常盛行，后来传到了西方，引起了轰动。

太阳给人类以光和热，这是人类不可缺少的光源。但是由于地球的自转，形成了白昼和黑夜。每到晚上，黑暗就笼罩着大地。生活在远古的人类祖先，对黑夜是无能为力的。黑暗给人们以可怕、可恶的感觉，直到今天黑暗仍为人们用来形容邪恶。不知经历了多少个世纪，人类才发现火也能提供光和热。开始使用天然火，以后又发明了人工摩擦取火。人工摩擦取火的发明是人类历史的一个划时代进步，它“第一次使人支配了一种自然力，从而最终把人同动物界分开”。生活在五十万年以前的北京猿人就已经懂得使用天然火，大约在几万年前人类又学会了用钻木的方法人工取火。火在长时期里一直是人们唯一可以利用的人造光源，后来人们创造了油灯、蜡烛，但还是离不开火，一直到近代发明了电灯才取代了火。

**物理知识小链接**

光在同种均匀介质中沿直线传播，通常简称光的直线传播。它是几何光学的重要基础，利用它可以简明地解决成像问题。人眼就是根据光的直线传播来确定物体或像的位置的，这是物理光学里的一部分。

## 震耳欲聋——噪声环境对人体的损伤

小区旁边的空地上又盖起了一座大楼，这让玲玲一家很烦恼，因为太吵了，平时喜欢宅在家里的这一家人也只能出去待着。

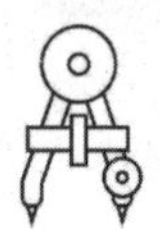

周末这天，妈妈又在家抱怨了："真不知道工程什么时候能结束，我们家这几年估计都不能安静了，幸亏我们都上班不在家，不然吵死了。"

爸爸从书房走出来，说："是啊，简直震耳欲聋，长期被这种噪声干扰，有损身心健康啊。"

"什么是震耳欲聋？"玲玲突然问。

"这是个成语，就是形容噪声环境对身体的听觉系统的损伤。"爸爸回答说。

关于"震耳欲聋"这一成语，《词典》中是这样解释的：震得人的耳朵都要聋了，形容声音特别大。

从物理学的角度来分析：30～40dB是较理想的安静环境，超过50dB就会影响睡眠和休息；70dB以上会干扰谈话，影响工作效率。长期生活在90dB以上的噪声环境，会严重影响听力并引起神经衰弱、头疼、血压升高等疾病。如果突然暴露在高达150dB的噪声环境中，听觉器官会发生急剧外伤，引起鼓膜破裂出血，双耳完全失去听力。"震耳欲聋"的噪声环境当然就是130～150dB。为了保护听力，应控制噪声不超过90dB。

人短期处于噪声环境时，即使离开噪声环境，也会造成耳朵短期的听力下降，但当回到安静环境时，经过较短的时间即可以恢复，这种现象叫听觉适应。如果长年无防护地在较强的噪声环境中工作，在离开噪声环境后听觉敏感性的恢复就会延长，经数小时或十几小时，听力可以恢复。这种可以恢复听力的损失称

为听觉疲劳。随着听觉疲劳的加重会造成听觉机能恢复不全。因此，预防噪声性耳聋首先要防止疲劳的发生。一般情况下，85分贝以下的噪声不至于危害听觉，而85分贝以上则可能发生危险。统计表明，长期工作在90分贝以上的噪声环境中，耳聋发病率明显增加。

噪声会伤害耳朵感声器官（耳蜗）的感觉发细胞（sensoryhair-cells），一旦感觉发细胞受到伤害，则永远不会复原。感觉高频率的感觉发细胞最容易受到噪声的伤害，因此一般人听力已经受噪声伤害了，如果没有做听力检验就往往不自觉，直到听力丧失到无法与人沟通时，却为时已晚。早期听力的丧失以4000Hz最容易发生，且双侧对称（4Kdip）。病患以无法听到轻柔高频率的声音为主，除非突然暴露在非常强烈的声音下如枪声、爆竹声等，听力的丧失也是渐进性的。

急性噪声暴露常引起高血压，在100分贝的环境里十分钟内

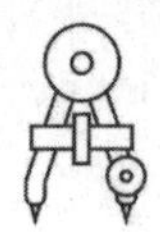

肾上腺激素则分泌升高，交感神经被激动。在动物实验上，也有相同的发现。虽然流行病学调查结果不一致，但最近几个大规模研究显示长期噪声的暴露与高血压呈正相关的关系。暴露在噪声70分贝到90分贝的环境里五年，其得高血压的危险性高达2.47倍。

噪声可引起多种疾病，噪声除了损伤听力以外，还会引起其他人身损害。噪声可以引起心绪不宁、心情紧张、心跳加快和血压增高。噪声还会使人的唾液、胃液分泌减少，胃酸降低，从而易患胃溃疡和十二指肠溃疡。一些工业噪声调查结果指出，劳动在高噪声条件下的个人比安静条件下的个人循环系统发病率高。在强声下，高血压的人也多。不少人认为，20世纪生活中的噪声是造成心脏病的原因之一。长期在噪声环境下工作，对神经功能也会造成障碍。实验室条件下人体实验证明，在噪声影响下，人脑电波会发生变化。噪声可引起大脑皮层兴奋和抑制的平衡，从而导致条件下反射的异常。有的患者会发生顽固性头痛、神经衰弱和脑神经机能不全等。症状表现与接触的噪声强度有很大关系。例如，当噪声在80~85分贝时，往往容易激动、感觉疲劳，头痛多在颞额区；95~120分贝时，作业个人常前头部钝性痛，并伴有易激动、睡眠失调、头晕、记忆力减退；噪声强到140~150分贝时不但引起耳病，而且发生恐惧和全身神经系统紧张性的机率增高。

为了防止噪声，我国著名声学家马大猷教授曾研究和总结了国内外现有各类噪声的危害和标准，提出了三条建议：

（1）为了保护人们的听力和身体健康，噪声的允许值在75~90 分贝。

（2）保障交谈和通讯联络，环境噪声的允许值在 25~50 分贝。

（3）对于睡眠时间建议在 35~50 分贝。

我国心理学界认为，控制噪声环境，除了考虑人的因素之外，还须兼顾经济和技术上的可行性。充分的噪声控制，必须考虑噪声源、传音途径、受音者所组成的整个系统。控制噪声的措施可以针对上述三个部分或其中任何一个部分。

**物理知识小链接**

音高和音强变化混乱、听起来不谐和的声音，是由发音体不规则的振动产生的（区别于乐音），从物理学的角度来看：噪声是发声体做无规则振动时发出的声音。

## 镜花水月——平面镜成像原理

语文课上，老师在为大家讲解成语时说："他有许多美妙的设想,但都是镜花水月,根本无法实现。"

然后，老师问同学们："请问大家知道'镜花水月'是

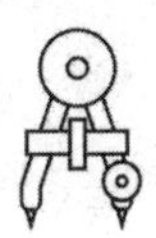

什么意思吗？”

同学们都摇摇头，老师就为大家解释这一成语的含义：“镜中花与水中月都是虚无缥缈的，所以这个成语也就意指那些虚幻的事物。”

随后一位同学举手站起来，问：“老师，为什么会有镜花水月这种现象呢？有什么科学依据没？”

语文老师继续说：“这是物理学上的知识，平面镜成像，不知道你们听过没……”

镜花水月，镜中花与水中月，指意境不可以形迹求。比喻空幻飘渺。唐·裴休《唐故左街僧录内供奉三教谈论引驾大德安国寺上座赐紫方袍大达法师元秘塔碑铭》：“峥嵘栋梁，一旦而摧。水月镜像，无心去来。”《说岳全传》第六十一回：“阿弥陀佛，为人在世，原是镜花水月。”《白雪遗音·玉蜻蜓·游庵》：“我和你镜花水月闲消遣，何必名贤胜地逢。”

当你照镜子时可以在镜子里看到另外一个“你”，镜子里的“人”就是你的“像”。这是一种物理现象：太阳或者灯的光照射到人的身上，被反射到镜面上，平面镜又将光反射到人的眼睛里，因此我们看到了自己在平面镜中的虚像。

那么，什么是平面镜呢？反射面是光滑平面的镜子叫平面镜。

镜子中的另一个影像叫镜像（虚像），但在实验中，我们常用玻璃板来代替平面镜。因为采用玻璃板代替平面镜，虽然成像不如平面镜清晰，但却能在观察到A蜡烛的像的同时，也能观察到B蜡烛，巧妙地解决了确定像的位置和大小的问题。

为了更清晰地看到“镜”中的像，我们要求玻璃前的物体要尽可能的亮，而环境要尽可能的暗。而玻璃后的物体也要尽可能的亮，环境要尽可能的暗。所以平面镜成像实验适合在较暗的环境下进行。

平面镜能改变光的传播路线，但不能改变光束性质，即入射光分别是平行光束、发散光束等光束时，反射后仍分别是平行光束、发散光束。

由物体任意发射的两条光线，由平面镜反射，射入眼睛。人眼则顺着这两条光线的反向延长线看到了两条线的交点，即我们在平面镜中看到的像，但是平面镜后面是没有物体的，所以物体在平面镜里成的是虚像（平面镜所成的像没有实际光线通过像

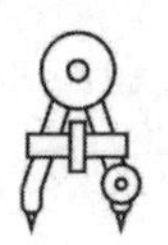

点，因此称作虚像）；像距与物距大小相等，它们的连线跟镜面垂直，它们到镜面的距离相等，上下相同，左右相反，成的是正立等大的虚像。

太阳或者灯的光照射到人的身上，被反射到镜面上（这里是漫反射，不属于平面镜成像）。平面镜又将光反射到人的眼睛里，因此我们看到了自己在平面镜中的虚像。（这是平面镜对光的反射，是镜面反射）。

由于平面镜后并不存在光源（S）的像（S′），进入眼中的光并非来自像（S′），所以把（S′）称为虚像。

根据平面镜成像的特点，像和物的大小，总是相等的。无论物体与平面镜的距离如何变化，它在平面镜中所成的像的大小始终不变，与物体的大小总一样。但由于人在观察物体时都有“近大远小”的感觉，当人走向平面镜时，视觉上确实觉得像在“变大”，这是由于人眼观察到的物体的大小，不仅仅与物体的真实大小有关，而且还与“视角”密切相关。从人眼向被观察物体的两端各引一条直线，这两条直线的夹角即为“视角”，如果视角大，人就会认为物体大，视角小，人就会认为物体小。当人向平面镜走近时，像与人的距离小了，人观察物体的视角也就增大了，因此所看到的像也就感觉变大了，但实际上像与人的大小始终是相等的，这就是人眼看物体“近大远小”的原因。这正如您看到前方远处向您走来一个人一样，一开始看到是一个小黑影，慢慢变得越来越大，走到您面前时更大，其实那一个小黑影和走到您面前的人是一样大的，只是因为视觉的关系，平面镜成像的像和物关于镜面对称，因此人逐渐靠近镜面，像也一定逐渐靠近镜面，给人以“近大远小”的感觉。

**物理知识小链接**

平面镜所成像的大小，与物体的大小相等，像和物体到平面镜的距离相等，像和物体的连线与镜面垂直。平面镜成像的规律也可以表述为：平面镜所成的像与物体关于镜面对称。

## 隔空吸物——神奇的磁性

课间时候，小军开始给前排后座的同学玩起了“魔术”，只见课桌上的钢笔自己移动，这让同学们极为惊讶，不知道小军葫芦里卖的什么药，纷纷问：“什么情况，钢笔还能自己动？”

“神奇吧，告诉你们，这叫隔空吸物。”小军得意地说。

“你是怎么做到的啊，别卖关子了。”

小军这才拿起放在课桌底下的大磁铁石，说：“看见了吗？秘密在这儿。”说完哈哈大笑。

“哦，原来是吸铁石啊，可是吸铁石隔着课桌也能吸住东西吗？”

“当然了，这么大的吸铁石，就隔着一层木头，自然能

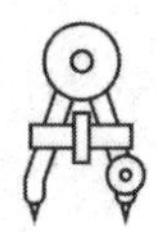

吸起钢笔了。”

这里，小军为同学们演示的“隔空吸物”，主要是磁铁的功劳。磁铁通过磁场将铁块磁化，微观表现为使原子中电子绕核运动的方向从某个方向上看是相同的顺时针或逆时针，此时铁块也产生了磁场，并与磁铁作用，产生了吸铁石隔物吸铁的现象。

电磁铁的磁性是通过磁场作用于其他铁磁物质的，磁场能穿过一般的物体，例如纸张、棉布等，就是说电磁铁隔着一些物体仍然能够吸引钢铁。

磁铁的成分是铁、钴、镍等原子，其原子的内部结构比较特殊，本身就具有磁矩。磁铁能够产生磁场，具有吸引铁磁性物质如铁、镍、钴等金属的特性。

磁铁种类，形状类磁铁，方块磁铁、瓦形磁铁、异形磁铁、圆柱形磁铁、圆环磁铁、圆片磁铁、磁棒磁铁、磁力架磁铁；属性类磁铁，钐钴磁体、钕铁硼磁铁（强力磁铁）、铁氧体磁铁、铝镍钴磁铁、铁铬钴磁铁；行业类磁铁，磁性组件、电机磁铁、橡胶磁铁、塑磁等种类。

磁铁分永久磁铁与软磁，永久磁铁是加上强磁，使磁性物质的自旋与电子角动量成固定方向排列，软磁则是加上电（也是一种加上磁力的方法）。等电流去掉，软铁会慢慢失去磁性。

将条形磁铁的中点用细线悬挂起来，静止的时候，它的两端会各指向地球南方和北方，指向北方的一端称为北极或N极，指向南方的一端为南极或S极。

其实，磁铁不是人发明的，而是天然的磁铁矿。古希腊人和中国人发现自然界中有种天然磁化的石头，称其为“吸铁石”。这种石头可以魔术般的吸起小块的铁片，而且在随意摆动后总是指向同一方向。早期的航海者把这种磁铁作为其最早的指南针在海上来辨别方向。最早发现及使用磁铁的应该是中国人，也就是利用磁铁制作“指南针”，是中国四大发明之一。

经过千百年的发展，今天磁铁已成为我们生活中的强力材料。通过合成不同材料的合金可以达到与吸铁石相同的效果，而且还可以提高磁力。在18世纪就出现了人造的磁铁，但制造更强磁性材料的过程却十分缓慢，直到20世纪20年代制造出铝镍钴（Alnico）。随后，20世纪50年代制造出了铁氧体（Ferrite），70年代制造出稀土磁铁[Rare Earth magnet 包括钕铁硼（NdFeB）和钐钴（SmCo）]。至此，磁学科技得到了飞速发展，强磁材料也使得元件更加小型化。

1822年，法国物理学家阿拉戈和吕萨克发现，当电流通过其中有铁块的绕线时，它能使绕线中的铁块磁化。这实际上是电磁铁原理的最初发现。1823年，斯特金也做了一次类似的实验：他在一根并非是磁铁棒的U型铁棒上绕了18圈铜裸线，当铜线与伏打电池接通时，绕在U型铁棒上的铜线圈即产生了密集的磁场，这样就使U型铁棒变成了一块“电磁铁”。这种电磁铁上的磁能要比永磁能大好几倍，它能吸起比它重20倍的铁块，而当电源切断后，U型铁棒就什么铁块也吸不住，重新成为一根普通的铁

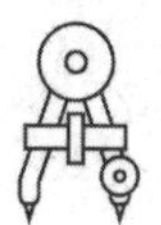

棒。斯特金的电磁铁发明，使人们看到了把电能转化为磁能的光明前景，这一发明很快在英国、美国以及西欧一些沿海国家传播开来。1829年，美国电学家亨利对斯特金电磁铁装置进行了一些革新，绝缘导线代替裸铜导线，因此不必担心被铜导线过分靠近而短路。由于导线有了绝缘层，就可以将它们一圈圈地紧紧地绕在一起，由于线圈越密集，产生的磁场就越强，这样就大大提高了把电能转化为磁能的能力。到了1831年，亨利试制出了一块更新的电磁铁，虽然它的体积并不大，但它能吸起1吨重的铁块。电磁铁的发明也使发电机的功率得到了很大的提高。

**物理知识小链接**

如果将地球想象成一块大磁铁，则地球的地磁北极是指南极，地磁南极则是指北极。磁铁与磁铁之间，同名磁极相排斥、异名磁极相吸引。所以，指南针与南极相排斥，指北针与北极相排斥，而指南针与指北针则相吸引。

## 刻舟求剑——一切皆是因为选错参照物

这天语文课上，老师为大家讲这样一个寓言故事：“楚国有一个人带着宝剑乘船过江，当船正在行驶的时候，一不小心，剑掉入江中，他立即用刀在剑落水的船帮处刻上记号，并宣布说：

“这儿是我的宝剑掉下去的地方。”到对岸后，船停了下来，他便根据船上刻下的记号下水去捞剑，结果怎么也捞不到。这就是《刻舟求剑》的故事。”

老师讲完，接下来就是提问环节，有学生站起来问：“老师，这个人怎么会这么傻，剑是掉江里去了，在船上做记号有什么用呢？他为什么会犯这样的错呢？”

“其实，这要涉及物理中的参照物了……”

“刻舟求剑”来源于《吕氏春秋·察今》，这个成语故事告诫人们，在处理具体问题时，不能不看事物的发展变化而墨守成规，应当根据事物的发展变化随机应变。从物理学的角度讲，求剑者之所以捞不到剑，是因为选错了参照物。如果船在静水中不动，剑沉底后，相对船的位置不再改变，这样在船上的记号下方可以捞到剑。现在船在流水中，并从剑掉下的地方驶到了对岸，所以在船上的记号下方就不能捞到剑了。

在研究机械运动时，人们事先选定的、假设不动的，作为基准的物体叫作参照物（一般不以研究对象为参照物）。通常情况下，多以地面为参照物。

一个物体是静止还是运动的，要看是以那个物体为标准。这个被选为标准的物体叫参照物（Reference Object）。

要判断物体是运动还是静止，是一件轻而易举的事。

站在上升电梯里的人，以电梯为参照物，人是静止的；如果以地面为参照物，人是运动的。选择不同的参照物描述同一

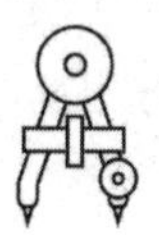

个物体的运动状态，结论将是不同的，这就是物体运动和静止的相对性。

（1）客观性。宇宙中万事万物都是永不停息地运动着的，没有绝对静止的物体。平时，我们说某个物体是运动的还是静止的，都是相对另一物体（参照物）而言，在描述物体的运动情况时，无论是否提到参照物，参照物总是存在的，这就是参照物的客观性。

（2）假定性。参照物只是假定不动而不是真的不动，与其他物体一样，它也处在永恒的运动之中，这便是参照物的假定性。

（3）多重性。由于确定一个物体是运动的还是静止的，关键是看选择什么物体作参照物。因此，我们研究的运动是相对运动，这便是参照物的多重性，也就是说，对同一物体的研究，可以选取不同的参照物，并且，当所选取的参照物不同时，对物体运动描述的结果也往往不同。例如，坐在匀速行驶的客车中的乘客，若以车为参照物，他们则是静止的；若以路旁的树为参照物，他们则是运动的。

怎样解释法国飞行员在空中能顺手抓住一颗飞行的子弹？

这里研究对象是子弹，射出的子弹在空中飞行时，由于受到阻力影响，速度将逐渐减小，当子弹到达飞行员和他驾驶的飞机（驾驶舱不封闭）旁边时，如果子弹正好与飞机同向，且飞行的速度相同（或差不多），选飞机为参照物，因子弹与飞机之间没有位置变化，所以子弹相对于飞机来说就是静止的，飞行员顺手把它抓住自然就不会受到伤害。

参照物是可以任意选择的。对于同一个物体，选用的参照物不同，其运动情况的描述也就不一样。如果参照物选择得当，将有利于问题的解答，简化解题过程。

在一条行驶得十分平稳的船的甲板上，头尾分别立有两个靶子。有两名射手，一个在船头，一个在船尾，用同样的枪支同时向对面靶子射击，问谁的子弹先打中靶子？（设子弹飞行速度相同）

此时应分三种情况讨论。第一种，船做匀速直线运动，这种情况下，因为射手在同一参照系中（船），所以同时射中。第二种，船做直线加速运动，则船头射手的子弹先击中靶子。第三种，船做直线减速运动，则船尾的射手先击中靶子。

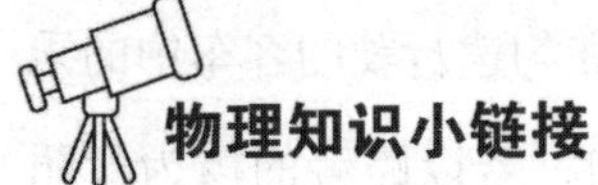

## 物理知识小链接

判断一个物体是运动还是静止，首先要选取一个物体作为标准，这个被选作标准的物体叫参照物。参照物可以任意选定。选择不同的参照物来描述同一个物体的运动状态，可能得出不同结论。所以运动和静止都是相对的。

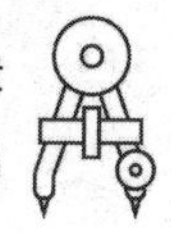

## 枕戈待旦——古代士兵枕着箭筒睡觉

小飞最近迷上了古装剧，不仅他喜欢，而且他看的这部电视剧收视率一直居高不下。这不，趁着周末，小飞恶补了好多集。

看完后，小飞跟妈妈说："妈，古代士兵真是有毅力啊，一整个晚上都高度警惕敌军来袭。"

"是啊，古人说'兵不厌诈啊'，抵御外敌来犯的唯一方法就是保持警惕。你看他们晚上睡觉都枕着箭筒。"

"他们为什么不用枕头呢？携带不方便吗？"

"不是，因为枕着箭筒，万一敌人人马来了，他们能提前听到，好做防范。"

"枕着箭筒能提前听到，这是为什么呢？"小飞很好奇。

"这是物理学上的声音传播的知识了……"

敌人的马蹄声音可以通过地面和空气进行传播，但声音在固体中的传播速度比在空气中的传播速度快，故士兵枕着牛皮制的箭筒睡在地上，能及早听到夜袭敌人的马蹄声。

众所周知，声音在固体中比在空气中传播快得多。在空气中声速约340米/秒，而声音在固体中传播速度1000多米每秒，夜间人耳从空气听到马队行军的马蹄声一般不超过2000米，这样从大地中得知对方军队行军的声音比从空气中传播不过快几秒的时间。这在古代战争中并不是士兵枕箭筒睡觉的主要原因。

士兵枕箭筒睡觉的原因，还要从箭筒和声音在大地中传播

两点来考虑。

（1）从声音在大地中传播上分析，马和士兵在路上行进时，人趴在地上比从空气中能听到行军声音的距离要远得多。笔者做过这样一个实验，取一根6米长的木头，甲在木头一端，乙在另一端，甲用手指轻敲木头，调整手指用力大小，使乙在另一端从空气中刚好能听到；这时如果乙趴下将耳朵贴近木头，甲仍按原来的力量敲打木头，甲听到的声音响度要比从空气中听到的声音响度要大得多。说明敲打固体产生的声音，直接从固体中传播比从空气中传播的距离要远，所以士兵通过大地可以听到从更远的地方传来的部队行军时的声音，这样士兵可以更早地发现敌人行军的行动。

（2）从箭筒上分析，我们先来看声学实验中的音叉和共鸣

箱，做声音共鸣实验时，将两个共鸣箱的口正对时实验效果最好，共鸣箱起收集声波的作用，我们的耳廓也是这个道理。我们再来分析古代的箭筒，它是用皮革制成，干燥后非常坚硬、结实，箭筒放在地上也起到了收集声波的作用。同一个声源在同一个地方发出声音，在距离声源适当的一个位置，枕在箭筒上比从空气中听到的声音要大。笔者曾做过这样一个实验，有两间单独的房子，中间有墙隔开，但该墙上没有门和窗。我们在这一间房子里，隔壁有人大声喧哗，我们在这边无法听清。如果取一瓷缸子，将底部紧贴在两间房间的墙壁上，耳朵凑近缸子口就能听清隔壁讲话的声音，说明缸子也起到了收集声波的作用。由此看来，士兵枕着箭筒睡觉，能听到从较远处传来的响声，能够及早发现敌情。

综上所述，古代士兵之所以枕着箭筒睡觉是因为能听到从较远的距离传来的部队行军时的声音，箭筒起到收集声波的作用，另外相同距离声音从大地中传播比从空气中传播要快。

## 物理知识小链接

真空不能传声，除此之外应该是任何物质都能传声，只是在不同介质中声音的传播速度不一样，总体规律是固体内声速大于液体内声速大于气体内声速。通常我们听到的声音是经过空气这种介质传来的。

# 第2章

# 奇妙的力学现象

生活中的小朋友们，不知道对于生活中这样一些现象你可曾留意：树叶为什么往下掉而不是往上飞？坐公交车时为什么乘客总是倒向一个方向？足球被踢飞时为什么会拐弯？菜刀为什么磨得越薄越锋利……其实这些现象，都包含有一定的物理原因——力学，在接下来的一章中，我们就来具体分析这些现象。

## 万有引力——苹果为什么往下掉

每年夏天，妈妈都会将小雨送到乡下的爷爷奶奶家住一段时间，让小雨体验一下乡村生活。小雨也经常会帮爷爷奶奶做些力所能及的农活，和爷爷奶奶一起吃农家菜，村里还有很多小伙伴，带小雨玩一些她在城里没有玩过的游戏，小雨很喜欢这样的日子。

有一天，小雨和邻居家姐姐芳芳在梨树下面玩，谁知道，一颗梨子掉下来，砸到了小雨。

“哎哟，疼死我了。”

“哈哈，我以前老被砸到，其实也不疼。”芳芳说。

“梨子熟了为什么要掉下来呢？为什么不往上飞？”

“哎呀，这要是在古代，你就是牛顿啊。”

“什么意思？”

“你说的这个情况就是万有引力啊，是牛顿发现的，他也是发现苹果往下掉，而不是往上飞，才发现这一定律的。”

“牛顿我听过，那看来我还具有科学家的思维呢，哈哈。”

“牛顿是物理学家……”

生活中，对于物体往下坠落的日常现象，人们已经习以为常，也知道这是万有引力作用，那么，什么是万有引力呢？

万有引力定律（Law of Universal Gravitation）是物体间相互作用的一条定律，1687年为牛顿所发现。任何物体之间都有相互吸引力，这个力的大小与各个物体的质量成正比例，而与它们之间的距离的平方成反比。

那么，牛顿是怎么发现万有引力的呢？

1666年，23岁的牛顿还是剑桥大学圣三一学院三年级的学生。看到他白皙的皮肤和金色的长发，很多人以为他还是个孩子。他身体瘦小，沉默寡言，性格严肃，这使人们更加相信他还是个孩子。他那双锐利的眼睛和整天写满怒气的表情更是拒人于千里之外。

黑死病席卷了伦敦，夺走了很多人的生命，那确实是段可怕的日子。大学被迫关闭，像艾萨克·牛顿这样热衷于学术的人只好返回安全的乡村，期待着席卷城市的病魔早日离去。

在乡村的日子里，牛顿一直被这样的问题困惑：是什么力量驱使月球围绕地球转，地球围绕太阳转？为什么月球不会掉落到地球上？为什么地球不会掉落到太阳上？

在随后的几年里，牛顿声称这种事情已经发生过。坐在姐姐的果园里，牛顿听到熟悉的声音，“咚”的一声，一只苹果落到草地上。他急忙转头观察第二只苹果落地。第二只苹果从外伸的树枝上落下，在地上反弹了一下，静静地躺在草地上。这只苹果肯定不是牛顿见到的第一只落地的苹果，当然第二只和第一只没有什么差别。苹果落地虽没有给牛顿提供答案，但却激发这位年轻的科学家思考一个新问题：苹果会落地，而月球却不会掉落到地球上，苹果和月亮之间存在什么不同呢？

第二天早晨，天气晴朗，牛顿看见小外甥正在玩小球。他手上拴着一条皮筋，皮筋的另一端系着小球。他先慢慢地摇摆小球，然后越来越快，最后小球就径直抛出。

牛顿猛地意识到月球和小球的运动极为相像。两种力量作用于小球，这两种力量是向外的推动力和皮筋的拉力。同样，也有两种力量作用于月球，即月球运行的推动力和重力的拉力。正是在重力作用下，苹果才会落地。

牛顿首次认为，重力不仅仅是行星和恒星之间的作用力，有可能是普遍存在的吸引力。他深信炼金术，认为物质之间相互吸引，这使他断言，相互吸引力不但适用于硕大的天体之间，而且适用于各种体积的物体之间。苹果落地、雨滴降落和行星沿着轨道围绕太阳运行都是重力作用的结果。

人们普遍认为，适用于地球的自然定律与太空中的定律大相径庭。牛顿的万有引力定律沉重打击了这一观点，它告诉人们，支配自然和宇宙的法则是很简单的。

牛顿推动了引力定律的发展，指出万有引力不仅仅是星体的特征，也是所有物体的特征。作为所有最重要的科学定律之一，万有引力定律及其数学公式已成为整个物理学的基石。

当然，当时牛顿提出了万有引力理论，却未能得出万有引力的公式，因为公式中的“$G$”实在太小了，因此他提出：$F \propto mM/r^2$。直到1798年英国物理学家卡文迪许利用著名的卡文迪许扭秤（即卡文迪许实验）较精确地测出了引力恒量的数值。

17世纪早期，人们已经能够区分很多力，比如摩擦力、重力、空气阻力、电力和人力等。牛顿首次将这些看似不同的力准确地归结到万有引力概念里：苹果落地，人有体重，月亮围绕地球转，所有这些现象都是由相同原因引起的。牛顿的万有引力定律简单易懂，涵盖面广。

## 物理知识小链接

万有引力的发现，是17世纪自然科学最伟大的成果之一。它把地面上的物体运动的规律和天体运动的规律统一了起来，对以后物理学和天文学的发展具有深远的影响。它第一次揭示了自然界中一种基本相互作用的规律，在人类认识自然的历史上树立了一座里程碑。牛顿的万有引力概念是所有科学中最实用的概念之一。牛顿认为万有引力是所有物质的基本特征，这成为大部分物理科学的理论基石。

## 氢气球到底能飞多高

元旦节这天，天天和妈妈来到广场上，看到好多企业、公司做营销活动，还有一些售卖小玩意儿的商贩，热闹极了。

天天注意到，有家新公司这天开业，开业典礼的时候，放了很多气球。

天天说："妈妈，那些气球为什么能飞上天呢？"

妈妈："因为这些是氢气球啊。"

"氢气球为什么就可以呢？"

"因为氢气是大气中最轻的气体……"

"那它们到底能飞多高呢，会一直飞到宇宙中吗……"

对于天天的问题，我们先来看看氢气球为什么能飞上天。气球受到重力和空气对它的浮力作用。如果浮力比重力大，它就会上浮；如果重力比浮力大，它就会下沉；如果两个力相等，它就可以悬浮在空中。根据阿基米德原理可以知道， 空气中气球所受到的浮力的大小等于被它排开的空气的重力。正因为热空气和氢气的密度比周围空气的密度小，它们受到的重力也比浮力小，充满了热 空气和氢气的气球才会"上浮"。因此，气球是靠空气的浮力升空的，而且只有当空气对它的浮力大于气球自身所受重力的时候，才能实现升空。所以要让气球升空，首先得有空气，否则它将得不到上升所需的浮力；其次必须给气球充入密度比空气小的气体，如氢气、氦气、热空气等，这样才能减轻它的自重，使它有可能上升。

越往高处，空气的密度就越小，大气压也越低，随着气球上升高度的增长，它受到的浮力会逐渐减小。到了一定的高度，当气球受的浮力与它自身的重力大小相等时，就无法继续上升了。这时它将停留在空中，好像碰到了看不见的“天花板”一样。甚至许多气球还没来得及到达“天花板”就会胀破，这是因为空气越来越稀薄，对气球的压强也越来越小，而气球内部的压强比较大，气球就会不断膨胀，最后把自己胀破了。

而对于氢气球到底能飞多高的问题，我们目前的答案是海拔10千米，比珠穆朗玛峰还要“高一头”。这个数字是目前普遍使用的气象气球的飞行高度上限。氢气球爆炸的原理是由于气球飞得越高，外部空气的气压渐渐小于球体内部的气压，气球越涨越大，最终超过球皮承受的极限，而导致破裂。因此，不同氢气球的飞行高度上限也不同，这取决于球皮的弹性、材质等多个因素，如果是普通作为玩具的氢气球，飞行高度有限，大部分超过2000米就会爆炸。

其实，10千米这一数字还可以再提高，地球的大气层分为多层，海拔10公里以下的为对流层，所以目前气象气球在设计制作上都把10千米作为上限，如果把高度进一步提高，在技术上是可以实现的，但没有实用价值。

另外，由于氢气比惰性气体如氦气廉价，因此市面上销售的基本上都是氢气球。氢气与其他物体摩擦产生静电及遇到明火时，容易发生爆炸或燃烧。另外，市面上卖的五颜六色的气球，大多都是充氢气的氢气球，比较安全的是充氦气的氦气球。

2017年11月27日晚，南京有4名年轻人看见有发光的“网红气球”，买了6个后打车离开。其中一名男子抽烟时不小心把火星溅在了气球上，6个气球相继爆炸，将4名年轻人灼伤，其中两名男子受伤严重，面部被炸黑，手上也烫了很多水泡，面部达到二级烧伤。

**物理知识小链接**

氢气球是轻质袋状或囊状物体充满氢气，靠氢气的浮力可以向上漂浮的物体就叫氢气球。氢气球一般有橡胶氢气球、塑料膜氢气球和布料涂层氢气球几种，较小的氢气球，当前多用于儿童玩具或喜庆放飞用。较大的氢气球用于飘浮广告条幅，也叫空飘氢气球，气象上用氢气球探测高空，军事上用氢气球架设通信天线或发放传单。氢气球内部频率接近20Hz。

世界上第一个氢气球诞生在1780年，法国化学家布拉克把氢气灌入猪膀胱中，制得世界上第一个氢气球。

## 踢飞的足球为什么会拐弯

春天到了，万物复苏，孩子们也喜欢户外运动了。

这天，星星找了几个同学在小区后面的球场上踢球。十几分钟后，几个人一头大汗，直接躺在球场上休息起来，大家看着天空，有着各自的想法。

过了会儿，星星突然问："问你们个问题，你说为什么我们踢球时，球是直线运动的，但是足球被踢起来时就会转弯呢？"星星惊奇地问。

"是啊，我也纳闷儿呢，照说应该和地面上一样啊。"另外一个小伙伴说。

"这你们就不知道了吧，这是因为空气流速和压强的关系，导致了足球在高速运转时的方向偏离。"另外一个小伙伴回答，这一专业回答让星星惊得目瞪口呆。

足球比赛场上，有时球员踢出去的足球在空中划过一条弧线，这是由于足球高速旋转的缘故。假设足球离开脚后顺时针旋转，带动周围空气同方向旋转，足球向前运动时，空气相对足球向后运动。由于足球带动空气顺时针转动，则足球左侧的空气流速小于右侧的空气流速；由于流速小的地方压强大，因此足球左侧的压强比右侧的压强大；足球左侧受到的压力比右侧受到的压力大，气体对足球的合力的方向向右。如果足球离开脚后是逆时针转，则足球左侧的空气流速大于右侧的空气流速，足球左侧受到的压力比右侧受到的压力小，气体对足球的合力的方向向左。

弧旋球又称"弧线球""香蕉球"，是足球运动中的技术名词（英语banana ball）。指运动员运用脚法，踢出球后并使球在空中向前作弧线运行的踢球技术。弧线球常用于攻方在对方禁区附近获得直接任意球时，利用其弧线运行状态，避开人墙直接射门得分。

这里，我们要提到气压这一物理知识，大气具有重量，并且向我们施加压力，这是一件非常简单并且似乎显而易见的现象。然而，人们却感觉不到。气压已经成为你生活中的一部分，所以你意识不到它。早期的科学家也是这样，他们从来都没有考虑到空气和大气层有重量。

气压是作用在单位面积上的大气压力，即等于单位面积上向上延伸到大气上界的垂直空气柱的重量。著名的马德堡半球实验证明了它的存在。气压的国际制单位是帕斯卡，简称帕，符号是Pa。

托里拆利的发现是正式研究天气和大气的开端，让我们开始了解大气层，为牛顿和其他科学家研究重力奠定了基础。

气压的大小与海拔高度、大气温度 、大气密度等有关，一般随高度升高按指数律递减。气压有日变化和年变化。一年之中，冬季比夏季气压高。一天中，气压有一个最高值、一个最低值，分别出现在9～10时和15～16时，还有一个次高值和一个次低值，分别出现在21～22时和3～4时。气压日变化幅度较小，一般为0.1～0.4千帕，并随纬度增高而减小。气压变化与风、天气的好坏等关系密切，因而是重要气象因子。通常所用的气压单位有帕（Pa）、毫米水银柱高（mmHg）、毫巴（mb）。它们之间的换算关系为：100帕=1毫巴≈3/4毫米水银柱高。气象观测中常用的测量气压的仪器有水银气压表、空盒气压表、气压计。温度为0℃时760毫米垂直水银柱高的压力，标准大气压最先由意大利科学家托里拆利测出。

在三个世纪以前，德国的马德堡市曾公开做了一个实验，市长——发明抽气机的奥托·格里克将两个直径为37厘米的空心铜半球合起来，使之密不漏气，然后用抽气机把铜球里的空气抽掉。在每个半球的环上各拴上四匹壮马同时向相反方向拉，两个半球无法分开。最后，用了20匹大马，随着一声巨响铜球才一分为二。

这就是著名的马德堡半球实验。该实验说明，空气不仅是有压力的，而且这个压力还很大。一个成年人的身体表面积平均为

2平方米，他全身所受的大气压力为20万牛顿。

气压即大气压强。空气是有重量的，气压是指大气施加于单位面积上的力。所谓某地的气压，就是指该地单位面积垂直向上延伸到大气层顶的空气柱的总重量。

气象上常用百帕做为气压的度量单位。具体是这样规定的：把温度为0℃、纬度为45度的海平面作为标准情况时的气压，称为1个大气压，其值为760毫米水银柱高，或相当于1013.25百帕。

气体的流速，是用单位时间内通过柱子或检测器的气体体积大小来表示的，常用单位是毫升/分。测量气体流速的方法很多，在气相色谱中，由于气体流速较小，载气流速为20~150ml/分，空气流速为200~1000ml/分。气体在流速大的地方压强较小，在流速小的地方压强较大。

## 菜刀的刀刃为什么要薄

这天傍晚，亮亮回家后，爸爸也才回来，爸爸一回来就去厨房，拿起菜刀开始磨。

过了一会儿，爸爸磨好了，拿起洗好的蔬菜开始洗起来，边切边说："刀锋利多了。"

亮亮走过来问："为什么刀非要磨呢？"

"因为刀刃越薄，越锋利啊。"

"那这是为什么？"亮亮开始打破砂锅问到底。

"这个要涉及到物理学上的压强知识了，刀刃薄，压强大，切菜就更顺手啊。"

"那什么是压强呢？"亮亮继续问。

那么，压强是什么呢？物体所受的压力与受力面积之比叫作压强，压强用来比较压力产生的效果，压强越大，压力的作用效果越明显。压强的计算公式是：$p=F/S$，压强的单位是帕斯卡，符号是Pa。

增大压强的方法有：在受力面积不变的情况下增加压力、在压力不变的情况下减小受力面积或同时增加压力和减小受力面积。减小压强的方法有：在受力面积不变的情况下减小压力、在压力不变的情况下增大受力面积或同时减小压力和增大受力面积。

液体对容器内部的侧壁和底部都有压强，压强随液体深度增加而增大。

液体内部压强的特点是：液体内部向各个方向都有压强；压强随深度的增加而增加；在同一深度，液体向各个方向的压强相等；液体压强还跟液体的密度有关，液体密度越大，压强也越大。液体内部压强的大小可以用压强计（U形管）来测量。

17世纪，德国马德堡市有一位市长，名叫奥托·冯·格里克。他是个博学多才的军人，从小就喜欢听伽利略的故事。他爱好读书，爱好科学，一直读到莱比锡大学。1621年又到耶拿大学攻读法律；1623年，再到莱顿大学钻研数学和力学。他读了三所大学，知识面很广。因此，他能在军旅中生活，又可在政界中立足，更能在科学界发言。他是1631年入伍，在军队中担任军械工程师，工作很出色。后来，投身政界，1646年当选为马德堡市市长。无论在军旅中，还是在市府内，都没停止科学探索。

1654年，他听到托里拆利的事，又听说还有许多人不相信大气压；还听到有少数人在嘲笑托里拆利；再听说双方争论得很激烈，互不相让，针锋相对。因此，格里克虽在远离德国的柏林，但很为托里拆利抱不平，义愤填膺。他匆匆忙忙找来玻璃管子和水银，重新做托里拆利这个实验，断定这个实验是准确无误的；再将一个密封完好的木桶中的空气抽走，木桶就“砰！”的一声被大气“压”碎了！

任何物体能承受的压强都有一定的限度，超过这个限度，物体就会损坏。物体由于外因或内因而形变时，在它内部任一截面的两方即出现相互的作用力，单位截面上的这种作用力叫作压力。

一般地说，对于固体，在外力的作用下，将会产生压（或张）形变和切形变。因此，要确切地描述固体的这些形变，我们就必须知道作用在它的三个互相垂直的面上的力的三个分量的效果。这样，对应于每一个分力$Fx$、$Fy$、$Fz$、作用于$Ax$、$Ay$、$Az$三个互相垂直的面，应力$F/A$有九个不同的分量，因此严格地说应力是一个张量。

由于流体不能产生切变，不存在切应力。因此对于静止流体，不管力是如何作用，只存在垂直于接触面的力；又因为流体的各向同性，所以不管这些面如何取向，在同一点上，作用于单位面积上的力是相同的。由于理想流体的每一点上，$F/A$在各个方向是定值，所以应力$F/A$的方向性也就不存在了，有时称这种应力为压力，在中学物理中叫作压强。压强是一个标量。压强（压力）的这一定义的应用，一般总是被限制在有关流体的问题中。

垂直作用于物体的单位面积上的压力，用$P$表示压强，单位为帕斯卡（1帕斯卡=1牛顿/平方米）。

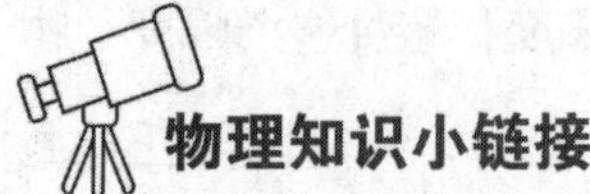


不少学科常常把压强叫作压力，同时把压力叫作总压力。这时的压力不表示力，而是表示垂直作用于物体单位面积上的力。所以不再考虑力的矢量性和接触面的矢量性，而将压力作为一个标量来处理。在中学物理中，为避免作用力和单位面积作用力的混淆，一般不用压力来表示压强。

## 水平线上的绳子为什么拉不直

一年一度的秋季运动会又开始了。

这天，小小所在的班级“倾巢出动”，为班上的几名“大力士”加油，因为他们正在参加拔河比赛，当大家正起劲儿地喊“加油”时，绳子突然断了，几个同学倒在地上，前俯后仰，大家咯吱咯吱笑起来。

运动会过后好多天，同学们还拿这件事说笑，有同学问老师：“老师，为什么绳子会断呢？”

“因为受力超过绳子的负荷了，而其实处在同一水平线上的绳子是拉不直的。”老师说。

“这是为什么呢？”

这里，对于同学们的疑问，其实是因为绳子有重力，如果就水平方向受力，没有向上的力，是不可能直的，所以不直。

此处，我们要谈及物理上的重要知识——力的分解，力的分解是力的合成的逆运算，同样遵循平行四边形定则：把一个已知力作为平行四边形的对角线，那么与已知力共点的平行四边形的两条邻边就表示已知力的两个分力。然而，如果没有其他限制，对于同一条对角线，可以作出无数个不同的平行四边形。

为此，在分解某个力时，常可采用以下两种方式：

第一种是按照力产生的实际效果进行分解——先根据力的实际作用效果确定分力的方向，再根据平行四边形定则求出分力的大小。第二种是根据“正交分解法”进行分解——先合理选定直角坐标系，再将已知力投影到坐标轴上求出它的两个分量。

关于第二种分解方法，这里我们重点讲一下按实际效果分解力的几类典型问题：放在水平面上的物体所受斜向上拉力的分解，将物体放在弹簧台秤上，注意弹簧台秤的示数，然后作用一个水平拉力，再使拉力的方向从水平方向缓慢地向上偏转，台秤示数逐渐变小，说明拉力除有水平向前拉物体的效果外，还有竖直向上提物体的效果。所以，可将斜向上的拉力沿水平向前和竖

直向上两个方向分解。斜面上物体重力的分解所示，在斜面上铺上一层海绵，放上一个圆柱形重物，可以观察到重物下滚的同时，还能使海绵形变有压力作用，从而说明为什么将重力分解成$F1$和$F2$这样两个分力。

研究对象受多个力，对其进行分析，有多种办法，正交分解法不失为一好办法，虽然对较简单题用它显得烦琐一些，但对初学者，一会儿这方法，一会儿那方法，不如都用正交分解法，可对付一大片力学题，以后熟练些了，自然别的方法也就会了。

正交分解法，物体受到多个力作用时求其合力，可将各个力沿两个相互垂直的方向执行正交分解，然后再分别沿这两个方向求出合力。正交分解法是处理多个力作用问题的基本方法，值得注意的是，对方向选择时，尽可能使落在轴上的力多，被分解的力尽可能是已知力。步骤为：

（1）正确选择直角坐标系，一般选共点力的作用点为原点，水平方向或物体运动的加速度方向为$X$轴，使尽 量多的力在坐标轴上。

（2）正交分解各力，即分别将各力投影在坐标轴上，分别求出坐标轴上各力投影的合力。

## 物理知识小链接

有力的分解，就有受力分析，受力分析是将研究对象看作一个孤立的物体并分析它所受各外力特性的方法。求物体内部的某个构件的受力大小，更须将构件拆开。

## 公交车上站立的乘客为什么是倾斜的

这天课间时，阳阳讲了这样一个笑话：

“在一辆走着的公交车上，因为急刹车，一位男士踩了一位女士的脚，那位女士不干了，冲着那位男士就骂：‘瞧你那德行。’那位男士笑着说道：‘这不是德行是惯性。’”

阳阳说完，周围几个同学都乐了。

稍后，一个同学问：“那什么是惯性呢？”

“啊？合着你刚才是起哄跟着大家伙儿一起乐呢。惯性，惯性，惯性其实我也不是很清楚，一会儿问老师吧。”一句话让大家又哈哈大笑起来。

那么，到底是什么惯性呢？惯性是具有保持静止状态或匀速直线运动状态的性质，即保持运动状态不变的性质。一切物体都具有惯性。惯性大小与物体的运动状态无关。惯性大小与物体质量大小有关。

在物理学里，惯性（inertia）是物体抵抗其运动状态被改变的性质。物体的惯性可以用其质量来衡量，质量越大，惯性也越大。艾萨克·牛顿在巨著《自然哲学的数学原理》里定义惯性为：

惯性，指一切物体都有保持原来运动状态不变的属性。

更具体而言，牛顿第一定律表明，存在某些参考系，在其中，不受外力的物体都保持静止或匀速直线运动。也就是说，从某些参考系观察，假若施加于物体的合外力为零，则物体运动速度的大小与方向恒定。惯性定义为，牛顿第一定律中的物体具有保持原来运动状态的性质。满足牛顿第一定律的参考系，称为惯性参考系。稍后会有关于惯性参考系的更详细论述。

惯性原理是经典力学的基础原理。很多学者认为惯性原理就是牛顿第一定律。遵守这原理，物体会持续地以现有速度移动，除非有外力迫使其改变速度。

牛顿特别定义绝对空间为不依赖于外界任何事物而独自存在的参考系，在绝对时空中，不受力的物体具有保持原来运动状态的性质，这性质称为“惯性”。牛顿认为惯性是物体的内部性质。

恩斯特·马赫认为，绝对空间的概念太过玄秘，绝对空间不是可以实际观察测得。假若将所有遥远星体的运动平均，得到的参考系应该是静止的，可以替代绝对空间。因此，物体的惯性与遥远的星体有关，物体的惯性起源于其与整个宇宙的物质之间的相互作用，也就是说，“远域的物质决定了本域的惯性”。但是，远在宇宙的那一端，相距10光年宇宙半径的星球，怎么能够影响本域的惯性？尽管马赫的批评很有道理，牛顿力学的准确度是有目共睹的事实。究竟是什么原因造成了远域的物质似乎与本域的惯性没什么牵连的表象？

爱因斯坦在研究广义相对论时，深深地被马赫的理论吸引与启发，爱因斯坦称这想法为马赫原理。爱因斯坦表明，引力是遥远物质影响本域惯性的机制，而这耦合发生于弯曲时空，可以用几何动力学的初值方程计算求得。根据爱因斯坦的理论，只要知道宇宙的整个质量-能量分布与流动，就可以计算出，在任意位置与时间，物体的惯性。这具体地给出了马赫定理的操作机制。

假设一个旋转圆球壳的质量等于地球质量、半径等于地球半径、旋转角速度等于地球自转角速度，在圆心位置有一个傅科摆，则这旋转圆球壳对于傅科摆产生的参考系拖拽现象，与整个宇宙对于傅科摆产生的现象，两者之间的比率大约为5 × 10。因此，可以得出结论：地球对于傅科摆的影响相当微小。假若地球质量加大0.2 × 10倍，则旋转圆球壳对于傅科摆产生的参考系拖拽现象相当于宇宙对于傅科摆产生的现象。

## 物理知识小链接

在地球表面，惯性时常会被摩擦力、空气阻力等效应掩蔽，从而促使物体的移动速度变得越来越慢（通常最后会变成静止状态）。这现象误导了许多古代学者，例如，亚里斯多德认为，在宇宙里，所有物体都有其“自然位置”——处于完美状态的位置，物体会固定不动于其自然位置，只有当外力施加时，物体才会移动。

## 吹出的肥皂泡为什么先升后降

星期天，牛牛写完了作业，闲着没事干，便想吹肥皂泡玩。他兑好肥皂水，把塑料管浸入装有肥皂水的小瓶子里蘸了一下，再用嘴轻轻一吹，一串一串的泡泡便从塑料管里飞了出来，五颜六色的，好看极了。他越吹越起劲，吹了一次又一次，肥皂泡也不停地冒出来，好像下起了一场肥皂泡雨。忽然，他发现了一个问题：一串串的肥皂泡总是先轻飘飘地向上升起，一会儿又慢悠悠地落下来。这是怎么回事？难道肥皂泡的质量发生了变化吗？

牛牛去问妈妈怎么回事，妈妈想了一会儿，说："这个……我想和热气球的原理一样吧。"真是这样吗？我知道热气球能飞上天是因为燃料燃烧产生了热空气，可肥皂泡里有热空气吗？

为了弄清楚这个问题，牛牛拿来妈妈的手机，从手机上找到了答案。

的确，日常生活中，我们常看到一些小朋友吹肥皂泡，一个个小肥皂泡从吸管中飞出，在阳光的照耀下，发出美丽的色彩。此时，小朋友们沉浸在欢乐和幸福之中，我们大人也常希望肥皂泡能飘浮于空中，形成一道美丽的风景。但我们常常是看到肥皂泡开始时上升，随后便下降，这是为什么呢?

这个过程和现象，我们只要留心想一下，就会发现，它其中包含着丰富的物理知识。在开始的时候，肥皂泡里是从嘴里吹出的热空气，肥皂膜把它与外界隔开，形成里外两个区域，里面的热空气温度大于外部空气的温度。此时，肥皂泡内气体的密度小于外部空气的密度，根据阿基米德原理可知，此时肥皂泡受到的浮力大于它受到的重力，因此它会上升。这个过程就跟热气球的原理是一样的。

随着上升过程的开始和时间的推移，肥皂泡内、外气体发生热交换，内部气体温度下降，因热胀冷缩，肥皂泡体积逐步减小，它受到的外界空气的浮力也会逐步变小，而其受到的重力不变，这样，当重力大于浮力时，肥皂泡就会下降。

这里，我们要提到一个重要的物理学概念——浮力，所谓浮力指物体在流体（包括液体和气体）中，各表面受流体（液体和气体）压力的差（合力）。

公元前245年，阿基米德发现了浮力原理。浮力的定义式为$F$浮=$G$排（即物体浮力等于物体下沉时排开液体的重力），计算可用它推导出公式$F$浮=$\rho$液$gV$排（$\rho$液：液体密度，单位千克/立方米；$g$：重力与质量的比值$g$=9.8N/kg，在粗略计算时，$g$可以取10N/kg，单位牛顿；$V$排：排开液体的体积，单位立方米）。液体的浮力也适用于气体。

公元前245年，赫农王命令阿基米德（Archimedes）鉴定一个皇冠。赫农王给金匠一块金子让他做一顶纯金的皇冠。做好的皇冠尽管与先前的金子一样重，但国王还是怀疑金匠掺假了。他命令阿基米德鉴定皇冠是不是纯金的，但是不允许破坏皇冠。这似乎是件不可能的事情。在公共浴室内，阿基米德注意到他的胳膊浮到了水面上。这时他脑中闪现出一丝模糊的想法。他把胳膊完全放进水中全身放松，这时胳膊又浮到水面上。

他站了起来，浴盆四周的水位下降；再坐下去时，浴盆中的水位又上升了。

他躺在浴盆中，水位则变得更高了，而他也感觉到自己变轻了。他站起来后，水位下降，他则感觉到自己重了。一定是水对身体产生向上的浮力才使得他感到自己轻了。

他把差不多一样大的石块和木块同时放入浴盆，浸入水中。石块下沉到水里，但是他能感觉到石块变轻了。而且，他必须要向下按着木块才能把它完全浸到水中。这表明浮力与物体的排水量（物体体积）有关，而不与物体重量有关。物体在水中感觉有

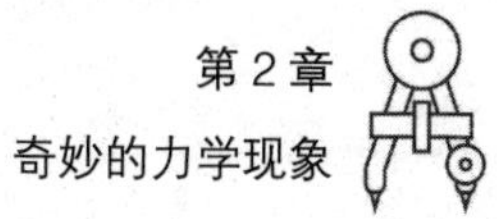

多重一定与它的密度（物体单位体积的质量）有关。

阿基米德因此找到了解决国王问题的方法，问题关键在于密度。如果皇冠里面含有其他金属，它的密度会不相同，在重量相等的情况下，这个皇冠的体积是不同的。把皇冠和等重的金子放进水里，结果发现皇冠排出的水量比金子的大，这表明皇冠是掺假的。最重要的是，阿基米德发现了浮力原理（亦称阿基米德原理），即水对物体的浮力等于物体所排出水的重力。

## 物理知识小链接

浮力的大小与液体的压强（深度）成正比，与它的排水面积成正比，与它受到的压力相等，方向相反。在没有任何外力的作用下，液体保持静止状态。

# 第3章
# 走进热学的世界

生活中的小朋友们，不知道你是否遇到过这样的现象：冬天往玻璃杯里倒热水，玻璃杯突然爆炸了；夏天天气太热，在地上洒点水就变凉快了；用吹风机吹头发，头发很快就干了；烧开水时，响水不开，开水不响……其实这都是物理上的热学现象，那么，这些现象的原因是什么？本章我们不妨来探究一下。

## 为什么响水不开，开水不响

最近，小飞的爸爸妈妈出国旅行了，他们认为儿子有能力自己照顾自己了，就没把小飞送到父母家。

这不，小飞晚上回家后需要自己吃饭，自己洗衣服。放下书包，第一件事是烧点热水，在学校忙了一天，小飞太渴了。

烧水时，小飞一直盯着水壶，因为妈妈告诉他，烧水如果烧开了人不在，很容易出事，就因为这次细细观察，小飞发现，水在没烧开时，一直响个不停，而水开了，却不响了，小飞很纳闷，晚上给妈妈打电话，问妈妈原因，妈妈说："这是随着水温变化而引起的水壶内外的压强变化而导致的……"

生活中大家可能都有这样的体会：烧开水时，水开前响声较水开后响。为什么"开水不响，响水不开"呢？

注意观察一下就会发现：水中没有出现气泡时，是听不到响声的，而气泡的产生就会伴随着响声的出现。由此可见，烧开水时发出响声与水中气泡的产生是密不可分的。要揭开"开水不响，响水不开"之谜就要从气泡身上找原因。

原因之一：气泡的产生过程对响声大小的影响。水中溶有少量空气，容器壁的表面小空穴中也吸附着空气，这些小气泡起汽化核的作用。水对空气的溶解度及器壁对空气的吸附量随温度的升高而减少。当水被加热时，气泡首先在容器壁上生成。气泡生成之后，气泡内部的容器壁部分实际上是处于“干烧”状态，而气泡边缘与干烧部分之间处于激烈的汽化过程。由于水继续被加热，这个过程中不断地向小气泡内蒸发水蒸汽，使泡内的压强不断增大，结果使气泡的体积不断膨胀，气泡所受的浮力也随之增大。当气泡所受的浮力大到一定程度时，便离开器壁开始上浮，整个过程的声音就象往烧红的铁上倒水一样，试想一下：无数个这样的剧烈汽化响声汇合在一起会产生什么样的声音？ 响声是由于气泡的产生而出现的，更重要的是：沸腾后，气泡会迅速上浮，这种剧烈汽化过程的时间要比沸腾前要短，响声自然就小了。

原因之二：气泡上浮过程中的变化对响声大小的影响。在沸腾前，容器里各水层的温度不同，容器壁附近水层的温度较高，水面附近的温度较低。气泡在上升过程中不仅泡内空气压强随水温的降低而降低，泡内有一部分水蒸汽凝结成饱和蒸汽，压强也在减小，而外界压强基本不变，此时，泡外压强大于内压强，于是，上浮的气泡在上升过程中体积将缩小。在继续加热的过程中，气泡产生和膨胀就越来越多，越来越大，但当气泡上升到温度较低的地方时，气泡中的水蒸气又要凝结成水，体积又逐渐地减小。那么在这样的过程中，随着温度的升高，气泡的体积一会儿膨胀一会儿缩小，又不断地上浮，在水的中、上部会产生一种振动，当水温接近沸点时，有大量的气泡涌现，接连不断地上升，并迅速地由大变小，使水剧烈振荡，产生较大的响声。在水的温度达到沸腾的温度时，由于对流和气泡不断地将热能带至中、上层，使整个容器的水温趋于一致。水的内部急剧汽化，气泡内水蒸气达到饱和，密度大气压高，在上升过程中其体积不仅不会缩小，而且还继续增大。这时气泡所受的浮力也在它上升过程中增大，气泡就由底部一直上升到表面而破裂，放出水蒸气和空气。由于此时气泡上升至水面破裂，对水的振荡减弱，响声自然也就小了。由此可见，“开水不响，响水不开”是很有物理道理的。为了能更好地理解这个阐述，举几个小问题来帮助说明：

（1）烧水时，没开之前，用手摸表面就会发现温度很高，但是你搅拌一下，水温就下降了，说明下面的水温低；

（2）烧水的锅炉，热水口是开在中上部分，而不是直接开在下口，因为下口放出来的水基本是不热的；

（3）我们还可以看到气泡是先从茶壶两边出来，然后才是中间，就是因为中间部分的温差大，气泡在出来之前就已经破裂了，周边的温差小，气泡有部分是可以出来的。

### 物理知识小链接

“开水不响，响水不开”，这是物理学上的问题。水没开的时候，当水被加热后形成了很多的小气泡，这些小气泡破裂的声音加在一起，听起来感觉就会声很大，而当水开了以后，小气泡被大气泡所取代，而大气泡在水面上破裂后发出咕噜声，听上去就没那么大的声响了，这就是响水不开，开水不响的科学道理。

## 为什么用吹风机吹刚洗过的头发，头发马上会干

一大清早，爱美的宁宁就要洗头。

妈妈说：“晚上回来洗不行吗？”

“不行啊，我这头太油了，不敢出门，我特地起来早一点就是为了洗头。”宁宁说。

“可是湿漉漉的，感冒怎么办？”

“哎呀，前两天不是刚买了个吹风机嘛，在我房间，您帮我拿一下。”宁宁说话的时候，已经开始洗头了。

“好吧。”

妈妈一边为宁宁准备早饭，一边等宁宁吹头发。

过了会儿，宁宁走过来，说：“吹风机就是好啊，三下五除二头发就干了。”

“是啊，这吹风机就是为你这爱美的闺女买的。”妈妈笑了笑。

“哈哈，还是老妈好，不过，妈妈，为什么用吹风机吹头发会很快干呢？”

“因为吹风机带走了头发上的水分呗。”

“我知道，我问的是原理，是怎么带走的……”

的确，电吹风是家庭很普通的一个家具，其主要的目的就是把人的头发吹干。电吹风原理与电扇是差不多的，那么，它吹干头发的工作原理是什么呢？

这里，我们要从两方面进行分析：

（1）使水的温度升高，易于加快蒸发水分的过程。

（2）加快水周围空气的流动，使空气更快地带走水分。

液态水在0℃以下就会固化成冰；加热到100℃以上就会汽化为水蒸气，这说明温度是影响液态水蒸发的一个因素，在常温下水会慢慢变干，这就是液态水的蒸发现象。

空气的流动带走了液态水蒸发出来的水蒸气，从而加快了液态水的蒸发速度，这说明空气的流动也是影响液态水蒸发的因素，也就是较高的温度和流通的气流会加快液态水蒸发速度的原因。

这里，我们要提到物理中的知识点——蒸发。

蒸发量是指在一定时段内，水分经蒸发而散布到空中的量，通常用蒸发掉的水层厚度的毫米数表示，水面或土壤的水分蒸发量，分别用不同的蒸发器测定。一般温度越高、湿度越小、风速越大、气压越低，则蒸发量就越大；反之蒸发量就越小。从微观上看，蒸发就是液体分子从液面离去的过程。由于液体中的分子都在不停地做无规则运动，它们的平均动能的大小是跟液体本身的温度相适应的。由于分子的无规则运动和相互碰撞，在任何时刻总有一些分子具有比平均动能还大的动能。这些具有足够大动能的分子，如处于液面附近，其动能大于飞出时克服液体内分子间的引力所需的功时，这些分子就能脱离液面而向外飞出，变成这种液体的汽，这就是蒸发现象。飞出去的分子在和其他分子碰撞后，有可能再回到液面上或进入液体内部。如果飞出的分子多于飞回的，液体就在蒸发。

其他条件相同的不同液体，蒸发快慢亦不相同。这是由于液体分子之间内聚力大小不同而造成的。例如，水银分子之间的内聚力很大，只有极少数动能足够大的分子才能从液面逸出，这种液体蒸发就极慢。而另一些液体如乙醚，分子之间的内聚力很小，能够逸出液面的分子数量较多，所以蒸发得就快。

在蒸发过程中，液体蒸发不仅吸热还有使周围物体冷却的作用。当液体蒸发时，从液体里跑出来的分子，要克服液体表面层的分子对它们的引力而做功。这些分子能做功，是因为它们具有足够大的动能。比平均动能大的分子飞出液面，速度大的分子飞出去，而留存液体内部的分子所具有的平均动能变小了。所以在蒸发过程中，如外界不给液体补充能量，液体的温度就会下降。这时，它就要通过热传递方式从周围物体中吸取热量，于是使周围的物体冷却。

影响蒸发快慢的因素：温度、湿度、液体的表面积、液体表面上方的空气流动的速度等。

主要因素：

（1）温度，温度越高，蒸发越快。因为在任何温度下，分子都在不断地运动，液体中总有一些速度较大的分子能够飞出液面脱离束缚而成为汽分子，所以液体在任何温度下都能蒸发。液体的温度升高，分子的平均动能增大，速度增大，从液面飞出去的分子数量就会增多，所以液体的温度越高，蒸发得就越快。

（2）液面表面积大小。如果液体表面积增大，处于液体表面附近的分子数目增加，因而在相同的时间里，从液面飞出的分子数量就增多，所以液面面积越大，蒸发速度越快。

（3）液体表面上方空气流动的速度。当飞入空气里的汽分子和空气分子或其他汽分子发生碰撞时，有可能被碰回到液体中来。如果液面上方空气流动速度快，通风好，分子重新返回液体的机会越小，蒸发就越快。

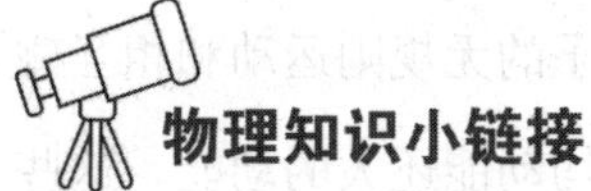

物理知识小链接

液体温度低于沸点时，发生在液体表面的汽化过程，在任何温度下都能发生。影响蒸发快慢的因素：温度、湿度、液体的表面积、液体表面的空气流动等。蒸发量通常用蒸发掉的水层厚度的毫米数表示。

## 为什么夏天洒水会变凉快

今天轮到第五小组值日，因为今天刚组织过班级活动，所以教室特别脏，而且，天气特别炎热。

小刚准备扫地，宁宁走过来说，你先等一下，我打点水来先洒下。

过了会儿，宁宁洒了一盆水，然后和小刚才开始扫地。

小刚说："舒服多了，刚才空气好差，好闷热啊。"

宁宁："对吧？这就是我为什么要洒水啊，洒水第一能减少灰尘，而最重要的是一点是散热啊，会凉快很多。"

小刚："你真聪明。"

的确，夏天时，我们经常看到人们在地上洒水，这样做的目的就是为了降温，减少地表温度，那么，这是什么原理呢？

从微观上看，蒸发就是液体分子从液面离去的过程。由于液体中的分子都在不停地作无规则运动，它们的平均动能的大小是跟液体本身的温度相适应的。由于分子的无规则运动和相互碰撞，在任何时刻总有一些分子具有比平均动能还大的动能。这些具有足够大动能的分子，如处于液面附近，其动能大于飞出时克服液体内分子间的引力所需的功时，这些分子就能脱离液面而向外飞出，变成这种液体的汽，这就是蒸发现象。

飞出去的分子在和其他分子碰撞后，有可能再回到液面上或进入液体内部。如果飞出的分子多于飞回的，液体就在蒸发。在蒸发过程中，比平均动能大的分子飞出液面，而留存液体内部的分子所具有的平均动能变小了。

所以在蒸发过程中，如外界不给液体补充能量，液体的温度就会下降。如果不想让液体温度下降，就需要吸收周围空气或物体的热量。这就是蒸发吸热。

蒸发吸热在生活中的事例很多，比如：

（1）人发烧时，在头上敷一块冷毛巾，利用水蒸发吸热给人降温。

（2）刚游过泳的人或刚出浴的人因身上沾满水会感到寒冷。

另外，生活中，人们常用的物理降温也是这一原理，高热患者除药物治疗外，最简易、有效、安全的降温方法就是用25%~50%酒精擦浴的物理降温方法。用酒精擦洗患者皮肤时，不仅可刺激高烧患者的皮肤血管扩张，而且可以增加皮肤的散热能力。

具体方法是：将纱布或柔软的小毛巾用酒精蘸湿，拧至半干轻轻擦拭患者的颈部、胸部、腋下、四肢、手脚心。擦浴用的酒精浓度不可过高，否则大面积地使用高浓度的酒精可刺激皮肤，吸收表皮大量的水分。

发烧本身不是疾病，而是一种症状。其实，它是体内抵抗感染的机制之一。发烧甚至可能有它的用途：缩短疾病时间、增强抗生素的效果、使感染较不具传染性。这些能力应可以抵消发烧时所经历的不舒服。

湿敷帮助降低体温。热的湿敷可退烧。但是当病人觉得热得很不舒服时，应以冷湿敷取代。在额头、手腕、小腿上各放一湿冷毛巾，其他部位应以衣物盖住。

假使体温上升到39.4℃以上，切勿使用热敷退烧，应以冷敷处理，以免体温继续升高。当冷敷布达到体温，应换一次，反复做到烧退为止。以海绵擦拭全身蒸发也有降温作用。护理专家潘玛丽建议使用冷自来水来帮助皮肤驱散过多的热。虽然你可以摄拭（用海绵）全身，但应特别加强一些体温较高的部位，例如腋窝及鼠蹊部。将海绵挤出过多的水后，一次摄拭一个部位，其他部位应以衣物盖住。体温将蒸发这些水分，有助于散热。

医生们警告，虽然酒精比水还容易蒸发，但它对发烧的病人可能引起不适。再者，吸入酒精蒸气或甚至经由皮肤吸收酒精都对病人不利。

**物理知识小链接**

发烧时，物理降温由于其具有挥发性，可吸收并带走大量的热量，使体温下降、症状缓解。

## 云雾是怎么形成的

这天早上出门时，妈妈特意叮嘱天天出门注意安全，说起雾了。

天天说："昨天早上天气还晴朗得很，怎么今天就起雾了呢？"

"天气这事儿谁说得准，下雾天能见度低，一会儿你就别骑自行车上学了，叫你爸爸送你吧。"

路上，天天问爸爸："爸，你说这天为什么要起雾呢？"

"瞧你这孩子问的，天起雾不起雾还有为什么啊？"爸爸笑着说。

"不是，我的意思是，这雾是怎么产生的？"

"那还差不多……"

雾是一种自然天气现象。

在水汽充足、微风及大气层稳定的情况下，气温接近零点，相对湿度达到100%时，空气中的水汽便会凝结成细微的水滴悬浮于空中，使地面水平的能见度下降，这种天气现象称为雾。雾的出现以春季二至四月间较多。凡是大气中因悬浮的水汽凝结，能见度低于1千米时，气象学称这种天气现象为雾。雾形成的条件：一是冷却，二是加湿，增加水汽含量。雾的种类有辐射雾、平流雾、混合雾、蒸发雾、烟雾。

当空气容纳的水汽达到最大限度时，就达到了饱和。而空气的温度越高，空气中所能容纳的水汽也越多。1立方米的空气，气温在4℃时，最多能容纳的水汽量是6.36克；而气温在20℃时，1立方米的空气中最多可以含水汽量是17.30克。如果空气中所含的水汽多于一定温度条件下的饱和水汽量，多余的水汽就会凝结出来，当足够多的水分子与空气中微小的灰尘颗粒结合在一起，同时水分子本身也会相互粘结，就变成小水滴或冰晶。空气中的水汽超过饱和量，凝结成水滴，这主要是气温降低造成的。这也是为什么秋冬早晨多雾的原因。

如果地面热量散失，温度下降，空气又相当潮湿，那么当它冷却到一定的程度时，空气中一部分的水汽就会凝结出来，变成很多小水滴，悬浮在近地面的空气层里，就形成了雾。它和云都是由于温度下降而造成的，雾实际上也可以说是靠近地面的云。

白天温度比较高，空气中可容纳较多的水汽。但是到了夜间，温度下降了，空气中能容纳的水汽的能力减弱了。因此，一部分水汽会凝结成为雾。特别在秋冬季节，由于夜长，而且出现无云风小的机会较多，地面散热较夏天更迅速，以致地面温度急剧下降，这样就使得近地面空气中的水汽，容易在后半夜到早晨达到饱和而凝结成小水珠，形成雾。秋冬春的清晨气温最低，便是雾最浓的时刻。

一般来说，我们提到雾，就要说到云，那么，云又是怎么形成的呢？

云是地球上庞大的水循环的有形结果。太阳照在地球的表面，水蒸发形成水蒸气，一旦水汽过饱和，水分子就会聚集在空气中的微尘（凝结核）周围，由此产生的水滴或冰晶将阳光散射到各个方向，这就产生了云的外观。因为云反射和散射所有波段的电磁波，所以云的颜色成灰度色，云层比较薄时成白色，但是当它们变得太厚或浓密而使得阳光不能通过的话，它们就会看起来是灰色或黑色的。

地球以外的行星也会有云，但水不一定是其他行星的云的主要成分，如金星的硫酸云。

天空有各种不同颜色的云，有的洁白如絮，有的是乌黑一块，有的是灰蒙蒙一片，有的发出红色和紫色的光彩。这里面，云的厚薄决定了颜色，我们所见到的各种云的厚薄相差很大，厚度可达7~8公里，薄的只有几十米。有满布天空的层状云，孤立的积状云，以及波状云等许多种。很厚的层状云，或者积雨云，太阳和月亮的光线很难透射过来，看上去云体就很黑；稍微薄一点的层状云和波状云，看起来是灰色，特别是波状云，云块边缘部分，色彩更为灰白；很薄的云，光线容易透过，特别是由冰晶组成的薄云，云丝在阳光下显得特别明亮，带有丝状光泽，天空即使有这种层状云，地面物体在太阳和月亮光下仍会映出影子。有时云层薄得几乎看不出来，但只要发现在日月附近有一个或几个大光环，仍然可以断定有云，这种云叫作“薄幕卷层云”。孤立的积状云，因云层比较厚，向阳的一面，光线几乎全部反射出来，因而看来是白色的。

而背光的一面以及它的底部，光线就不容易透射过来，看起来比较灰黑。日出和日落时，由于太阳光线是斜射过来的，穿过很厚的大气层，空气的分子、水汽和杂质，使得光线的短波部分大量散射；而红、橙色的长波部分，却散射得不多，因而照射到大气下层时，长波光特别是红光占着绝对的多数，这时不仅日出、日落方向的天空是红色的，就连被它照亮的云层底部和边缘也变成红色了。由于云的组成有的是水滴，有的是冰晶，有的是两者混杂在一起的，因而日月光线通过时，还会造成各种美丽的光环或彩虹。

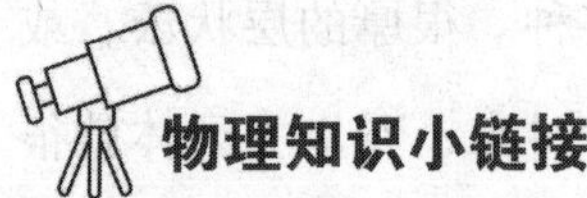

物理知识小链接

地面上的水吸热变成水蒸气，上升到天空蒸汽层上层。由于蒸汽层上层温度低，水蒸气体积缩小比重增大，蒸汽下降。由于蒸汽层下面温度高，下降过程中吸热，再度上升遇冷，再下降，如此反复气体分子逐渐缩小，最后集中在蒸汽层底层。在底层形成低温区，水蒸气向低温区集中，这就形成云。

## 用力拉扯橡皮筋会发生什么

星星盼望着的暑假终于来了，因为暑假前妈妈就答应他，到了暑假，就带他去上海的姨妈家玩。

到了姨妈家，星星很开心，但是他和姨妈家哥哥合不来，经常会为了一件小玩具而闹得不愉快。

这不，本来两人在看电视，但是星星看到茶几上放了个橡皮筋，然后拿起来玩，表哥也非要玩，然后两人一人抓一头，开始拉起来。姨妈看到后，赶紧说："赶紧放下，不然伤到手了。"

谁知道，两人不依不饶，非要对方先放，最后还是星星妈妈说："你们想不想知道用力拉橡皮筋之后会出现什么怪事？"两人一好奇，就放下了。

的确，橡皮筋是一种用橡胶与乳胶作成的短圈，一般用来把东西绑在一起，是生活中常见的用品，于1845年3月17日由Stephen Perry发明。

橡胶是一种高分子化合物，由大量异戊烯单元形成的链状大分子组成。当橡胶被拉长时，杂乱而纠缠在一起的链趋于平行，即排列得比较有秩序。它在收缩时，排列的混乱程度增大。自然界的物质能自发地朝混乱度大的方向进行，并吸收能量。对橡皮筋加热，反而会使它缩短。

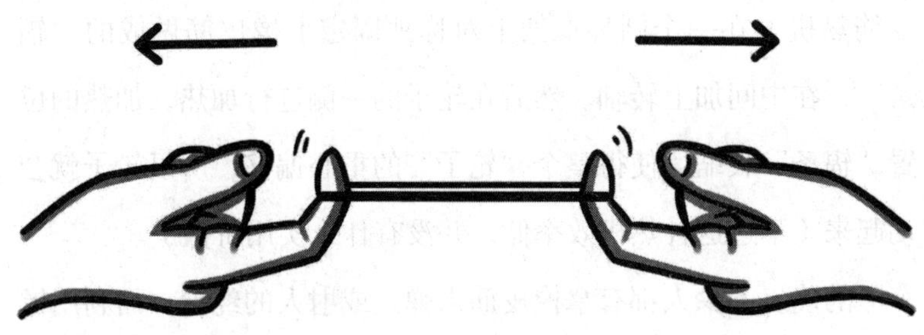

那么，用力拉扯橡皮筋会发生什么？

对于这一问题，我们不妨做一个有关热力学的小实验：

你需要的材料非常简单：一个再普通不过的橡皮筋。用双手拿好橡皮筋，先在橡皮筋松弛状态用嘴唇感受一下它的温度。接下来猛地将它拉伸开（注意不要扯断了就好），然后再用嘴唇接触一下橡皮筋，你会感受到什么？

答案是，人们会觉得橡皮筋变热了一点。

接下来，让橡皮筋保持拉伸状态几秒钟，等它恢复到常温，然后再猛地拉近双手距离，让橡皮筋松弛下来。这时候再用嘴唇感受一下。

这一次，橡皮筋会变凉。

在热成像下观察这个过程也很直观。橡皮筋在拉伸时升温：当拉伸的橡皮筋恢复到室温，突然放松又会降低温度。

除此之外，还可以把橡皮筋下端挂上重物，让它处于拉伸状态，然后再用吹风机/热风枪去加热它。这一次，应该可以看到受热后的橡皮筋出现缩短的趋势。

利用橡皮筋受热收缩的性质，还可以做出一种小装置：橡皮筋热机。在一个圆环框架上对称地固定上橡皮筋做成的“辐条”，在中间加上转轴。然后在轮子的一侧进行加热，加热的位置“辐条”收缩，使得整个“轮子”的重心偏移，所以轮子就会动起来（不过这种热机效率低，并没有什么实用价值）。

的确，不少人都有拿橡皮筋来弹人或射人的经验，而利用橡皮筋跟竹激光雕刻机筷可以做成橡皮筋枪，是拿来打橡皮筋大战的好武器。

创意十足的人会利用小小的橡皮筋制造出意向不到的美丽。例如，国外一对父子用电锯切开一个大的橡皮筋彩球，瞬间，中间的橡皮筋弹向四面八方，看起来就像是一次色彩缤纷的爆炸。

## 物理知识小链接

橡皮筋主要是胶乳用浸渍法制成，属于高分子合成材料。

TPR/SBS/TPE弹性体材料可用于注塑或挤出加工成橡皮筋，现在也用TPR/SBS/TPE弹性体材料制作各种颜色的橡皮筋。

## 冬天冰冻的衣服也会干

最近，家里的洗衣机坏了，衣服洗了没办法脱水烘干，天天的校服一直也没干。

这天晚上，天天问妈妈："妈妈，我的校服干没有？明天学校开冬季运动会，大家都要穿校服。"

"这大冬天的，怎么可能干得了，家里洗衣机也坏了，一直没修呢。"妈妈抱怨道。

"早就干了，不信你自己去阳台上看看。"爸爸走过来告诉妈妈。

"你净瞎忽悠人。"妈妈嘴上虽这样说，还是将信将疑地走到阳台。"天哪，真的干了。"然后她很吃惊地说。

"其实很简单，冬天衣服即使结冰了也一样会干，这是物理上的升华。"

在寒冷季节的清晨，草叶上、土块上常常会覆盖着一层霜的结晶。

升华有多种含义。在物理学中，升华指物质由于温差太大，从固态不经过液态直接变成气态的相变过程。

升华的定义：物质从固态直接变成气态叫作升华（Sublimation）。升华吸热。易升华的物质有：碘、冰、干冰、樟脑、钨等。

升华指固态物质不经液态直接转变成气态的现象，可作为一种应用固—气平衡进行分离的方法。有些物质（如氧）在固态时就有较高的蒸气压，因此受热后不经熔化就可直接变为气态，冷凝时又复成为固态。固体物质的蒸气压与外压相等时的温度，称为该物质的升华点。在升华点时，不但在晶体表面，而且在其内部也发生了升华，作用很剧烈，易将杂质带入升华产物中。为了使升华只发生在固体表面，通常总是在低于升华点的温度下进行，此时固体的蒸气压低于内压。

生活中，升华的例子有很多，比如冬天冰冻的衣服干了；白炽灯的钨丝变细；樟脑球（卫生球）变小或消失了；干冰不见了；背阳处的雪不见了；固态碘加热直接变成碘蒸气等。

有升华就有凝华，那么，什么是凝华呢？物质由气态直接变成固态叫作凝华。

形成凝华的条件比较特殊，一般气体的浓度要到达一定的要求，温度要低于三相点的温度，比如低于0℃的时候的水蒸气等，形成原因一般是急剧降温或者由于升华现象造成。

凝华的实际现象有：用久的电灯泡会显得黑，是因为钨丝受热升华形成的钨蒸气又在灯光泡壁上凝华成极薄的一层固态钨；冬夜，室内的水蒸气常在窗玻璃上凝华成冰晶；树枝上的“雾凇”；从冰箱里拿出来的冰棍结成了一层“霜”；又如自然界中“霜”的形成；冬天时，东北的窗上形成的花纹。

这里，我们要着重学习霜的形成过程，霜是水汽（也就是气态的水）在温度很低时，一种凝华现象，跟雪很类似。严寒的冬天清晨，户外植物上通常会结霜，这是因为夜间植物散热慢、地表的温度又特别低、水汽散发不快，还聚集在植物表面时就结冻了，因此形成霜。

科学上，霜是由冰晶组成，和露的出现过程是雷同的，都是空气中的相对湿度到达100%时，水分从空气中析出的现象。它们的差别只在于露点（水汽液化成露的温度）高于冰点，而霜点（水汽凝华成霜的温度）低于冰点，因此只有近地表的温度低于摄氏零度时，才会结霜。

其实，霜本身对植物既没有害处，也没有益处。通常人们所说的“霜害”，实际上是在形成霜的同时产生的“冻害”。

## 物理知识小链接

使已有碘蒸气的烧瓶降温散热，碘蒸气将直接凝华成固态碘，在烧瓶中放少量固态的碘，并且对烧瓶微微加热，固态的碘没有熔化成液态的碘，而是直接变成了碘蒸气。停止加热后，碘蒸气并不液化，而是直接附着在烧瓶上形成固态的碘。前者是升华现象，后者是凝华现象。碘加热后，会变成气态的碘。

## 冬天玻璃杯也怕烫

这天，妈妈去超市买东西，为小贝买了个玻璃杯，让小贝晚上做作业的时候可以喝热水。随后，妈妈回了家，洗涮了杯子，然后倒了杯热水，放在小贝房间的书桌上。

不到一会儿，小贝回来了。

妈妈说："小贝，今天给你买了个杯子，倒了热水，在你房间，水温现在大概差不多，去喝了吧。"

小贝应了一声就回房间了。

谁知道，过了会儿，小贝喊道："妈，怎么回事，水杯碎了，一桌子上都是水。"

妈妈赶紧跑到房间，很遗憾地看了看小贝："这玻璃杯质量太差了，哎。"

这时，小贝爸爸走过来说："其实不是玻璃杯的问题，而是冬天温度低，家里也没开空调，没暖气，杯子遇到热水，热胀冷缩才爆炸的。"

这里，小贝爸爸对玻璃杯爆炸的原因解释得很到位，因为冬天玻璃杯是凉的，当倒入热水后，内壁由于热胀冷缩，会迅速膨胀，但由于玻璃是热的不良导体，温度不会很快传到外壁，所以，造成内壁膨胀，但外壁保持原来的状态，所以就会造成玻璃杯的爆炸破碎！

那么，什么是热胀冷缩呢？

物体受热时会膨胀，遇冷时会收缩。这是由于物体内的粒子（原子）运动会随温度改变，当温度上升时，粒子的振动幅度加大，令物体膨胀；但当温度下降时，粒子的振动幅度便会减少，使物体收缩。

物体都有热胀冷缩的现象，日常生活中我们可以利用这种现象解决一些困难。

日常生活中，热胀冷缩时出现现象：

（1）有时候夏天路面会向上拱起，就是路面膨胀（所以水泥混凝土路面每隔一段距离都有空隙留着）。

（2）买来的罐头很难打开，是因为工厂生产时放进去的是热的，气体膨胀，冷却后里面气体体积减小，外面大气压大于内部，所以难打开；而微热罐头就很容易打开了。

（3）温度计，是测温仪器的总称，可以准确的判断和测量温度。利用固体、液体、气体受温度的影响而热胀冷缩的现象为

设计的依据。有煤油温度计、酒精温度计、水银温度计、气体温度计、电阻温度计、温差电偶温度计、辐射温度计和光测温度计、双金属温度计等多种种类供我们选择，但要注意正确的使用方法，了解测温仪的相关特点，便于更好的使用它（生活中常用水银温度计和酒精温度计）。最早的温度计是伽利略发明的，其原理为通过空气的热胀冷缩测量温度，水面低则温度高，水面高则温度低。

（4）夏天，电工在架设电线时，如果把线绷得太紧，那么到冬天，电线受冷缩短时就会断裂。所以一般夏天架设电线时电线都要略有下垂，较为松弛。

（注：水在4℃以上会热胀冷缩而在4℃以下会冷胀热缩。而到冰，密度就只有$0.9\times10^3kg/m^3$。这意味着，冰将会浮在水面。锑、铋、镓和青铜等物质在某些温度范围内受热时收缩，遇冷时会膨胀。）

那么，冬天如何防止玻璃杯爆炸呢？

首先要选择材质上是加厚高硼硅无铅玻璃，安全防爆，装开水不会爆的杯子。玻璃杯的耐热性比较好，能够承受极热与极冷的变化，用来装热水是比较好的。像有些玻璃杯的导热性不是很好，倒入开水之后，内壁的玻璃就开始膨胀，但是外面的玻璃还没有接收到热，结果就导致了内外壁玻璃的压力不一样，外面的玻璃所受的压力瞬间增大，超过了临界点，这时候就会出现杯子炸开的情况。所以建议先倒入一点点热水，晃动杯身，将杯子预热一下，这样再倒入开水就比较好了。

其次，可以尝试在杯中放一个铁勺子。当开水倒进杯底的时候，在还没有来得及烫热玻璃杯（热的不良导体）之前，开水会把一部分的热分给良导体的金属茶匙，因此，开水的温度减低了，它从沸腾着的开水变成了热水，对玻璃杯就没有什么妨碍了。

再者，冬季使用时不要立刻倒满热水，可先用少量水温一下杯具后再使用，防止温差太大导致炸裂。

## 物理知识小链接

对于一般物体，热胀冷缩是成立的。当物体温度升高时，分子的动能增加，分子的平均自由程增加，所以表现为热胀；同理，当物体温降低时，分子的动能减小，分子的平均自由程减少，所以表现为冷缩。但也有例外，比如说水，这并不是说热胀冷缩对水不成立，而是水中存在氢键，在温度下降时，水中的氢键数量增加，导致体积随温度下降而增大。

# 第4章

# 探索运动和速度的奥秘

生活中的小朋友们，我们每个人每天都在走路，这就是运动，那么，你可曾考虑过，人类奔跑的极限是多少呢？如何运送物体更省力呢？如果将物体加速至光速会怎样呢……其实这都是物理范畴的知识，带着这些疑问，我们来进入本章的学习。

## 人类的奔跑速度有极限吗

春天终于到了，河边柳树开始发芽，操场周围的草坪开始吐露新芽，鸟儿开始报春，叽叽喳喳叫个不停，春天就是运动的季节。

这天，小飞报名参加了全市万人长跑大会，很快，比赛的日子到了。爸爸妈妈也都过来比赛场地为儿子加油，小飞的速度不错，也拿了个名次，但第一名速度实在太快了。赛后，小飞感叹："在以前，我还真不知道，原来真有人跑这么快，真的不能比，看样子，我的体能还需要锻炼啊。"

"是啊，其实比赛重在参与，你已经很棒了，儿子。"妈妈说。

"嗯，不过，人类的奔跑速度最快能达到多少呢？"

这里，对于小飞的问题，答案是：人类的奔跑速度有望达到64公里/小时，这个速度比奥运飞人博尔特还快16公里。

此前，研究人员研究了限制人类奔跑速度的原因。综合各种研究数据发现，人类奔跑速度的极限是由身体肌肉的运动速度所决定，因此，限制人类奔跑速度的原因主要就是人体肌肉的力量和运动速度。

据报道，科学家们利用高速跑步机准确的测得人每跑一步所需的力量，然后对比肌肉在各种状态下的力量反应数据。研究人员发现，接受测试者以最高速度进行单腿跳所需的力量超过了他们以相同速度向前奔跑用力的30%或更多，人在单腿跳时肢体肌肉所产生的力量是奔跑时所产生力量的1.5至2倍。

这项研究的参与者——怀俄明州州立大学的马泰·斑都（音译）说："我们做了简单的估计，考虑到跑步者使用最大或接近最大力量奔跑时，其肌肉收缩的速度可以允许他达到56~64公里/小时，而且可能更快些。"

这表明，人类四肢所能运用的力量超过了人以最高速度奔跑时所用的力量，当人类突破肌肉运动速度和力量的限制后，就可以完全突破目前的奔跑速度极限。据悉，这项研究成果已经刊登在《应用生理学杂志》上。

研究人员称，最新研究显示，人类跑步速度的极限取决于

他们肌肉纤维收缩速度限制，因为肌肉纤维收缩速度限制了跑步者的最快奔跑速度。

百米世界纪录，它是距离最短、用时最少的田径纪录，它是所有体育项目中最神圣的纪录，它是人类对自身极限的最原始挑战，也是最勇敢的探索！它的每一次突破都预示着人类身体极限的又一次飞跃，同时它的每一次突破都可能是成为人类身体的最终极限！

美国的托马斯·伯克用时11秒8：

在1896年第一届现代奥运会上，“蹲踞式”还未普及，100米决赛中，5名运动员竟采用5种不同的起跑方式，美国的托马斯·伯克采用“蹲踞式起跑”方法获得了奥运史上第一个百米冠军，并在预赛中以11秒8创造了第一个男子100米的奥运会纪录。

而牙买加的尤塞恩·博尔特用时9秒58：

2009年8月16日，柏林田径世界锦标赛100米决赛中，博尔特以9秒58获得冠军，并再次大幅度刷新百米世界纪录。美国名将盖伊也以惊人的9秒71获得亚军，鲍威尔9秒84获得第三名。过了终点线后，博尔特伸开双臂作出飞翔的动作，今天的他，绝对是这个地球上最让人叹服的体育选手。而他这个成绩，除了他自己外，很长时间里难以想象还有其他选手可以打破！博尔特是百米进入到10秒时代后，第一个三度打破世界纪录的人。同时这个纪录，也是进入电子计时后第一次以超过0.1秒的方式去打破，恐怕也是最后一次！

美国运动员杰西·欧文斯在1936年柏林奥运会上创下了10.3秒的百米成绩，此后20年无人超过他。而奥运飞人博尔特在2009柏林世锦赛中创下9.58秒的百米世界纪录。这个速度相当于35公里/小时。

**物理知识小链接**

最新研究表明，如果突破了某些限制，人类未来的奔跑速度极限有望达到64公里/小时，这个速度比奥运飞人博尔特还快16公里/小时。

## 什么是自由落体

这天，语文老师为大家讲述了这样一篇课文：

在伽利略之前，古希腊的亚里士多德认为，物体下落的快慢是不一样的。它的下落速度和它的重量成正比，物体越重，下落的速度越快。比如说，10千克重的物体，下落的速度要比1千克重的物体快10倍。

1700多年以来，人们一直把这个违背自然规律的学说当成不可怀疑的真理。年轻的伽利略根据自己的经验推理，大胆地对亚里士多德的学说提出了疑问。经过深思熟虑，他决定亲自动手做一次实验。他选择了比萨斜塔作实验场。

这一天，他带了两个大小一样但重量不等的铁球，一个重100磅，是实心的；另一个重1磅，是空心的。伽利略站在比萨斜塔上面，望着塔下。塔下面站满了前来观看的人，大家议论纷纷。有人讽刺说："这个小伙子的神经一定是有病了！亚里士多德的理论不会有错的！"实验开始了，伽利略两手各拿一个铁球，大声喊道："下面的人们，你们看清楚，铁球就要落下去了。"说完，他把两手同时张开。人们看到，两个铁球平行下落，几乎同时落到了地面上。所有的人都目瞪口呆了。

伽伸利略的试验，揭开了落体运动的秘密，推翻了亚里士多德的学说。这个实验在物理学的发展史上具有划时代的重要意义。

这就是《两个铁球同时着地》的故事。从这个实验中，伽利略得出了重量不同的两个铁球同时下落的结论，从此推翻了亚里士多德"物体下落速度和重量成正比例"的学说，纠正了这个持续了1900多年之久的错误结论。但这是不太可能存在的，不同重量的物体只有在真空条件下才可能同时落地，当美国宇航员大卫·斯科特登月后曾尝试于同一高度同时扔下一根羽毛和一把铁榔头，并发现它们同时落地，这才证明了自由落体定律的正确性。即使伽利略真的做过这个实验，那也是局限于当时的科技程度这才"看上去"同时落地的。关于自由落体实验，伽利略做了大量的实验，他站在斜塔上面让不同材料构成的物体从塔顶上落下来，并测定下落时间有多少差别。结果发现，各种物体都是同时落地，而不分先后。也就是说，下落运动与物体的具体特征并无关系。无论木制球或铁制球，如果同时从塔上开始下落，它们将同时到达地面。伽利略通过反复的实验，认为如果不计空气阻力，轻重物体的自由下落速度是相同的，即重力加速度的大小都是相同的。

这里，就涉及了自由落体运动，不受任何阻力，只在重力作用下而降落的物体，叫“自由落体”。如在地球引力作用下由静止状态开始下落的物体。地球表面附近的上空可看作是恒定的重力场。如不考虑大气阻力，在该区域内的自由落体运动是匀加速直线运动。其加速度恒等于重力加速度g。虽然地球的引力和物体到地球中心距离的平方成反比，但地球的半径远大于自由落体所经过的路程，所以引力在地面附近可看作是不变的，自由落体的加速度即是一个不变的常量。它是初速为零的匀加速直线运动。

地球上空的物体在以地心为描述其运动的参照点时，它是围绕地球做匀速圆周运动，物体在与地心连线的方向上受到的合外力是一个指向地球中心的向心力，这个向心力是物体与地球之间的万有引力，两个物体之间的万有引力作用只决定于物体场的结构形态和大小，万有引力的大小主要决定于两个物体所带的电场子的数量，或者说决定于物体的两性电量和（我们可以把中性物体内部正负两种电荷的电量数之和称为物体的两性电量和）。一般来说，物体所带的电场子的数量越多，物体的电量总和也越大，电场子数量的多少在很大程度上反映了物体所带的电量和的大小。万有引力与物体的质量（主要是电性裸核质量）无直接关系。

关于重力加速度的公式可以利用牛顿的万有引力定律推导出来。

地球上空的物体在以地心为描述其运动的参照点时，它是围绕地球做匀速圆周运动，物体在与地心连线的方向上受到的合外力是一个指向地球中心的向心力，这个向心力由物体与地球之间的万有引力提供，即 $F$向 $=F$万，根据向心力遵循的牛顿第二定律公式$F=mg$和万有引力定律公式可得，$F=\frac{GMm}{R^2}$，$g=\frac{Mm}{R^2}$（当$R$远大于$h$ 时）。

在上面的式子中，M是地球质量，m是物体的质量，R是地球半径，h是物体距离地面的高度，g是物体围绕地球做匀速圆周运动产生的向心加速度，也即物体在此处的重力加速度，G是引力常量。

再来看一下地面上空的物体做自由落体运动的情况，这种情况地球对物体的万有引力大于物体在该位置环绕地球做匀速圆周运动所需要的向心力，因此物体将做自由落体运动。物体自由下落受到的合外力仍然为：$F$合 $=F$。

从上面推导出来的物体重力加速度的公式中可以看出，在地面上空同一高度的两个物体，不管物体的质量、大小、结构、密度如何，它们获得的重力加速度都是完全相同的。

### 物理知识小链接

自由落体运动是初速度为零且仅受恒定重力作用的运动，其加速度恒定为重力加速度$g$，属于初速度为零的匀加速直线运动，适用等时间间隔或等位移间隔相关参量比例关系。

## 卫星是如何发射的

周五下午，学校组织五年级学生进行了一次模拟天体运行的观摩，学生们普遍产生一个疑问，人造卫星是怎么发射到天空的呢？

老师说，这是个天文学上的知识，也涉及物理中的运动的知识。接下来，对此，老师给予了专业的回答。

那么，人造卫星到底是怎么发射的呢？

在谈及这个问题之前，我们先了解一下人造卫星的知识。

卫星，是指在宇宙中所有围绕行星轨道上运行的天体，环绕哪一颗行星运转，就把它叫作那一颗行星的卫星。比如，月亮环绕着地球旋转，它就是地球的卫星。“人造卫星”就是我们人类“人工制造的卫星”。科学家用火箭把它发射到预定的轨道，使它环绕着地球或其他行星运转，以便进行探测或科学研究。

地球对周围的物体有引力的作用，因而抛出的物体要落回地面。但是，抛出的初速度越大，物体就会飞得越远。牛顿在思考万有引力定律时就曾设想过，从高山上用不同的水平速度抛出物体，速度一次比一次大，落地点也就一次比一次离山脚远。如果没有空气阻力，当速度足够大时，物体就永远不会落到地面上来，它将围绕地球旋转，成为一颗绕地球运动的人造地球卫星，简称人造卫星。人造卫星是发射数量最多、用途最广、发展最快的航天器。

1957年10月4日苏联发射了世界上第一颗人造卫星。之后，美国、法国、日本也相继发射了人造卫星。中国于1970年4月24日发射了自己的第一颗人造卫星“东方红一号”。截至1992年年底中国共成功发射33颗不同类型的人造卫星。人造卫星一般由专用系统和保障系统组成。专用系统是指与卫星所执行的任务直接有关的系统，也称为有效载荷。

人造卫星按照运行轨道不同分为低轨道卫星、中高轨道卫星、各种人造卫星地球同步卫星、地球静止卫星、太阳同步卫星、大椭圆轨道卫星和极轨道卫星；按照用途划分，人造卫星又可分为通信卫星、气象卫星、侦察卫星、导航卫星、测地卫星、截击卫星等。这些种类繁多、用途各异的人造卫星为人类作出了巨大的贡献。

卫星靠火箭的推力发射，有点像小孩子玩的“起火”。

首先，当装有卫星的运载火箭耸立在发射台上，全部准备工作完毕，按照“倒计数程序”进入最后预备阶段。随着地面控制中心的发射指令：9、8、7、6、5、4、3、2、1，发射，第一级火箭发动机点火，运载火箭开始脱离发射架上升，而且速度越来越快。这就是加速度飞行段开始了。

运载火箭从地面发射到把有效载荷送入预定轨道，称为发射阶段。在这一阶段所飞经过的路线就叫作发射轨道。运载火箭的发射轨道一般为三大部分，即加速飞行段、惯性飞行段和最后加速段。运载火箭垂直起飞后10秒钟数到0秒钟，开始按预定程序缓慢地转弯。发动机继续工作约100多秒后，运载火箭已上升到70千米左右高度，基本达到所需的入轨速度和与地面接近平行的方向时，第一级火箭发动机关机分离，同时，第二级火箭发动机点火，继续加速飞行。此时，已飞行 2~3分钟，高度已达150~200千米，基本已飞出稠密大气层，按预定程序抛掉箭头整流罩。接着，在火箭达到预定速度和高度时，第二级火箭发动机关机、分离，至此加速飞行段结束。

这时，运载火箭已获得很大动能，在地球引力作用下，开始进入惯性飞行段，一直到与卫星预定轨道相切的位置，第三级火箭发动机开始点火，进入最后加速段飞行。当加速到预定速度时，第三级火箭发动机关机，卫星从火箭运载器弹出，进入预定的卫星运行轨道。至此，运载火箭的任务就算完成了。

## 物理知识小链接

人造卫星（Artificial Satellite）：环绕地球在空间轨道上运行

的无人航天器。人造卫星基本按照天体力学规律绕地球运动，但因在不同的轨道上受非球形地球引力场、大气阻力、太阳引力、月球引力和光压的影响，实际运动情况非常复杂。人造卫星是发射数量最多、用途最广、发展最快的航天器。人造卫星发射数量约占航天器发射总数的90%以上。

## 加速至光速真的能穿越时空吗

暑假的一天，玲玲在家百无聊赖地陪着妈妈看穿越剧。

玲玲一本正经地对妈妈说："这些都是假的，有什么可看的呢？"

"你们这些小姑娘不都喜欢看这样的电视剧吗？你不喜欢吗？"

玲玲摇了摇头，然后说："电视剧真不喜欢，我只是对里面这些人是怎么穿越的比较感兴趣，或许未来真的能实现呢？"

在一些穿越的电视剧里，我们经常看到主演们穿越是时空，回到过去，我们可能会产生疑问：科技的发展、人类对时空的研究，真的会让时空旅行在未来成为一种现实吗？

时光之旅在理论上是可行的，人类可以打开回到过去的大门和通向未来的捷径。

对此，我们要提到还爱因斯坦提出的光速飞行，因为光速是宇宙极限速度，如果一个物体达到光速，寿命就会乘以三十倍，在光速条件下，度过一分钟，也就是实际的30分钟。

大家都知道一个物体之所以能够被我们看到，那是因为它发出或反射的光进入了我们的眼睛。那么假设当我们看到一个物体的同时开始向正上方以光速移动，则可知与我们同行的光并不是我们看到物体时射向我们眼睛的光，而是平行于我们的光。那时它可能就仅仅是一个光柱，而不在具有物体的形状，当然这些光柱也是不可见的。更不可出现光线渐汇聚于正前方一点的景象，这是因为在此情况下与在汽车中观察侧面雨滴轨迹，有着本质的不同。在光速下，人可视为一个点，而根据光的粒子性可知，我们所看到的就是运行到我们面前的光子而不能看到的就是前面所看到的最后一份光子的下一份。见与不见其实只差一个光子，因而不会有明显的光行差现象。而恰等于光速时，后面的光更不可能汇聚到前方来被我们看到。不过此时会有一些光线从前方或侧面射入我们的眼睛，这样我们实际上所看到的并不是我们前方的光，而是以我们达到光速瞬间时的景象为背景，以飞行物周围不断变化的景象为动景的一副副重叠动态图象。当我们继续加速并超过光速时，我们所看到图象的背景也就开始变化了，处在正前方的天体就形成了较明显的光行差效果，看起来四周的光线开始向中心汇聚，并最终将在正前方形成一个极亮的点，这些是对于向我们运行的光来说的。而对于与我们同向的光，也就是发生在我们所说的过去的光，会被我们所渐渐追上。此时我们所看见的实际图象就是：变化的过去景象中心嵌着一个亮斑的特殊景象。

这样只要通过仪器将两幅图象分离开来就达成了一次完美的“时间旅行”了。“时间旅行”是诱人的，但超光速所能完成的并不仅仅是些，更重要的是它能使我们对宇宙有个更深的了解。我们都知道，光子在运动的时候是有质量的。那么它在传播时受多种力所合成的向心力的作用必然会产生一个在空间上的角度，不过这个角度是极小的。假设光会一直沿这个角度走下去，则它最终将回到起点。此时光所走的圆的半径，就可以说是宇宙的最小半径。这是因为光是无法从宇宙中逃逸出去的，所以光所运行的最大半径也不会超过宇宙半径，但是这样推导下去就会产生一个与现在理论极不相符的结论。众所周知，宇宙如今还在不停地膨胀，也就是半径R仍在增大。但宇宙的总能量与总质量却是处于相对平衡状态，而宇宙的总能量是与光子的向心力成正比的，由向心力公式$F=(MV^2)/R$可知，在光的运行半径等于宇宙半径时的光速可设为绝对光速。而且它在以前的速度大于它，在它以后的速度小于它。由此可知光速也并非是恒定不变的，而且在宇宙诞生不到1s内光速可能是极大的。这个结论与《相对论》有着直接的冲突，但可喜的是最近科学家又通过其他手段也得出了以上光速的变化规律。

## 物理知识小链接

光速只是有质量的物体运动的极限或能量传递速度的极限，假如对于无质量的物体，那么光速也将只是一个速度而已。但这种速度对于我们的研究并没有太大的意义，最多只能为我们提供一个考虑途径。我们所需要的是实际物体的超光速，如宇宙爆炸初期1052万千米/秒的速度、类星体中心辐射源——288万千米/秒的分离速度，因为只有这种速度才具有实际应用性。

## 省力的滑轮——机械运动

阳阳一家住在一栋老楼里，这栋楼没有电梯，平时搬个东西挺费劲的，不过幸亏他们家就住三楼。

星期天上午，妈妈从网上买的小家电到了，师傅在楼下给妈妈打电话，问妈妈怎么送，太重了，根本搬不上去。

阳阳妈也头疼，此时，阳阳想出了个办法——在楼道口的地方装个滑轮，借助滑轮来运输，很快，按照阳阳的办法，师傅轻轻松松将东西搬进了家里，妈妈直夸阳阳聪明。

这里，阳阳用滑轮把物体搬到楼上的方法是运用了物理上的机械运动。机械运动是自然界中最简单、最基本的运动形态。在物理学里，一个物体相对于另一个物体的位置，或者一个物体的某些部分相对于其他部分的位置，随着时间而变化的过程叫作机械运动。

要判断一个物体是否在运动，必须选择另一个物体作为标准，这个作为标准的物体叫作参照物。对于同一个物体的运动，选择的参照物不同，得出的结论也有可能是不同的。

运动和静止的相对性：自然界中一切物体都在运动，因为地球本身在自转，所以绝对静止的物体是不存在的。通常所描述的物体的运动或静止都是相对于某一个参照物而言的。同一个物体是运动还是静止，取决于所选的参照物，这就是运动和静止的相对性。

相对静止的条件：两个物体向同一方向，以同样的快慢前进。

机械运动可分为：

1.匀速直线运动定义

物体沿直线运动时，如果在相等时间内通过的路程都相等，这种运动叫匀速直线运动。

（1）路程：运动物体通过的路径的长度称为路程。在国际单位中，路程的单位是米（m）。

（2）比较物体运动快慢的三种方法：

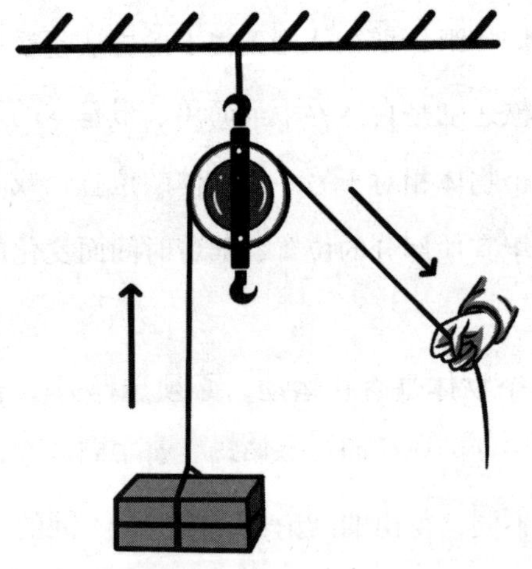

①比较物体通过相等路程所用的时间的长短，所用时间短的运动得快。

②比较物体在相等时间内通过路程的长短，通过路程较长的运动得快。

③物体通过的路程和时间都不相等时，比较路程与时间的比值（单位时间内通过的路程），比值大的运动得快。

（3）速度的物理意义、定义及公式

①物理意义：速度是表示物体运动快慢的物理量。

②定义：做匀速直线运动的物体，单位时间内通过的路程称为该物体运动的速度。

（4）计算公式：$V=S/T$

（5）国际单位：米/秒（m/s）；常用单位：千米/时（km/h）；1米/秒=3.6千米/时。

2.变速直线运动

（1）变速直线运动：物体沿直线运动，如果在相等时间内通过的路程不相等，这种运动就称为变速直线运动。

（2）平均速度

定义：做变速直线运动的物体通过的路程除以所用的时间，就是物体在这段时间内的平均速度。

平均速度只能粗略地描述做变速直线运动物体的运动快慢。求平均速度，必须明确是哪段时间或哪段路程内的平均速度。

（3）计算公式：$V=S/T$ $S=2\backslash 1VT$

（4）国际单位：米/秒（m/s）

根据物体运动的路线，可以将物体分为直线运动和曲线运动。

一般来说，直线运动是要比曲线运动简单一些的。但是，直线运动它也有千差万别，所以有必要对直线运动在进行分类研究。

直线运动根据其速度的变化特点又可分为匀速直线运动和变速直线运动：

①快慢不变，经过的路线为直线的运动叫作匀速直线运动；

②物体沿一直线运动，如果在相等的时间内通过的路程并不相等，这种运动叫作变速直线运动。

物体运动快慢的三种方法：

①相同时间比路程，路程越长，运动越快。

②相同路程比时间，时间越短，运动越快。

③用路程除以时间，比较单位时间的路程，单位时间的路程越大，速度越快。

## 物理知识小链接

机械运动是我们见到的各种运动中最简单的、最普遍的一种运动形式。车、船的运动，天体的运动，都是机械运动。常见的机械运动有平动和转动。

# 第5章

# 悦耳动听，走进声音和听觉的世界

生活中的小朋友们，我们都知道，我们所生活的世界是有声的，正因为有声音的存在，它才是多姿多彩、有声有色的，那么，你可曾思考过，声音是怎么形成的呢？声音有速度吗？声音竟然可以灭火你听说过吗？超声和次声又是什么呢？带着这些疑问，我们来学习本章的知识。

## 声音是如何产生的

又是新闻时间，小桃和爸爸吃完晚饭就坐在了电视机前。

在“国际新闻”的播报中，小桃和爸爸看到了“日本地震”的新闻，小桃感叹“要是没有自然灾害该多好”，小桃的爸爸说：“不是说动物可以预报地震吗？难道人们就没有发现动物的这些特殊反应吗？”

“爸爸，你说的是真的吗？”

“是啊，当然是真的了。”

“那动物为什么能预测地震呢？”

“因为地震时会产生机械振动而产生声音，这就是地声，而动物对这一声音很敏感，所以会有一系列的反应。”

“哦，所以从另外一个方面说，振动就会产生声音是吗？”

“理论上说是的，当然还需要一些条件。”

空气中的各种声音，不管它们具有何种形式，都是由于物体的振动所引起的：敲鼓时听到了鼓声，同时能摸到鼓面的振动；人能讲话是由于喉咙声带的振动；汽笛声、喷气飞机的轰鸣声，是因为排气时气体振动而产生的。总之，物体的振动是产生声音

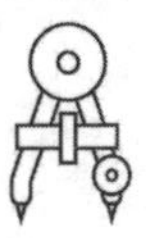

的根源，发出声音的物体称为声源。声源发出的声音必须通过中间媒质才能传播出去，人们最熟悉的传声媒质就是空气，除了气体外，液体和固体也都能传播声音。振动在媒质中传播的速度叫声速，在任一种媒质中的声速取决于该媒质的弹性和密度，因此，声音在不同媒质中传播的速度是不同的：在液体和固体中的传播速度一般要比在空气中快得多，例如在水中声速为1450m/s，而在铜中则为5000m/s。声音在空气中的传播速度还随空气温度的升高而增加。

向前推进着的空气振动称为声波，有声波传播的空间叫声场。当声振动在空气中传播时空气质点并不被带走，它只是在原来位置附近来回振动，所以声音的传播是指振动的传递。如果物体振动的幅度随时间的变化如正弦曲线那样，那么这种振动称为简谐振动，物体作简谐振动时周围的空气质点也作简谐振动。物

体离开静止位置的距离称位移$\chi$，最大的位移叫振幅α，简谐振动位移与时间的关系表示为$\chi=\alpha\sin(2\pi ft+\varphi)$，其中f为频率，$(2\pi ft+\varphi)$叫简谐振动的位相角，它是决定物体运动状态的重要物理量，振幅α的大小决定了声音的强弱。

物体在每秒内振动的次数称为频率，单位为赫兹（Hz）。每秒钟振动的次数愈多，其频率愈高，人耳听到的声音就愈尖或者说音调愈高。人耳并不是对所有频率的振动都能感受到的。一般说来，人耳只能听到频率为20～20000Hz的声音，通常把这一频率范围的声音叫音频声。低于20Hz的声音叫次声，高于20000Hz的声音叫超声。次声和超声人耳都不能听到，但有一些动物却能听到，例如老鼠能听到次声，蝙蝠能感受到超声。

声波中两个相邻的压缩区或膨胀区之间的距离称为波长$\lambda$，单位为米（m）。波长是声音在一个周期的时间中所行进的距离。波长和频率成反比，频率愈高、波长愈短；频率愈低，波长愈长。

那么，如何验证声音由振动产生的呢？我们可以通过以下实验方法来验证：

①在鼓面上撒点碎纸屑，敲击鼓面发出声音，发现纸屑上下跳动，鼓不发声的时候纸片不会跳动。

②在扬声器上撒点碎纸片，发现扬声器发声时纸片上下跳动。

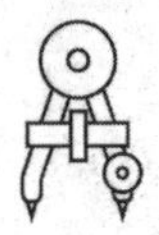

③敲击音叉，马上放入水中，发现能激起水花，说明音叉在振动。

④将尺子一端放在桌边，用手按压尺子然后松开，可以发现尺子振动并发出声音。

⑤将一个乒乓球用细线悬挂靠在音叉一侧，敲击音叉另一侧，发现乒乓球被弹开。

另外，我们需要注意的一点是：

声音是振动的传播（叫作波动），需要两个条件，一个是波源（振动物体），一个是介质（空气或者其他），看第二个条件有没有满足，例如把一个闹钟封闭起来，抽去空气，我们就只看到敲击的动作，听不到声音。

**物理知识小链接**

声音的发生是由物体的振动而产生的。振动停止，发声也停止。

## 声音的传播速度

这天晚上，妞妞睡得正香，突然一声惊天雷，把妞妞吓哭了，然后就是是倾盆大雨。妈妈在隔壁房间赶紧过来，安慰女儿，叫她不要怕。

妞妞说："妈妈，为什么春天这么讨厌，总是夜里下雨，下雨就下雨吧，还打雷闪电，闪电倒没什么，打雷真的太恐怖了。要是打雷的时候听不到就好了。"

"哈哈，我的乖女儿，除非你将耳朵堵住，不然都会听到的，因为声音也会传播啊。"

"哦，这样啊，那声音的传播速度是多少呢？"

这里，我们要提到一个物理学中的名词——声速，声速顾名思义即是声音的速度，因为声音是以波的形式传播，与一般所理解物体的速度是不同的，所以与其将音速称为声音的速度，倒不如将音速视为波传递速度的指标。音速与传递介质的材质状况有绝对关系，而与发声者本身的速度无关，而发声者与听者间若有相对运动关系，就形成了多普勒效应；也由此观点，超音速时的诸多物理现象，其实与声音无关，而是压缩波密集累积所产生的物理现象。

一般说来，音速与介质的性质和状态有关。在压缩性小的介质中音速大于在压缩性大的介质中的音速。介质状态不同，音速也不同。音速的数值在固体中比在液体中大，在液体中又比在气体中大。音速的大小还随大气温度的变化而变化，在对流层中，高度升高时，气温下降，音速减小。在平流层下部，气温不随高度而变，音速也不变，为295.2米/秒。空气流动的规律和飞机的空气动力特性，在飞行速度小于音速和大于音速的情况下，具有质的差别，因此，研究航空器在大气中的运动，音速是一个非常

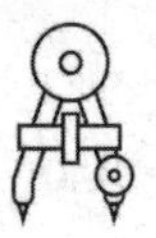

重要的基准值。

音速不是一个固定的值。在干燥空气中，音速的经验公式是：

音速u=331.3+（0.606°C）m/s（C=摄氏气温）

常温（15℃）下，音速为*u*=331.3+（0.606×15）=340.4m/s，这就是为什么都说音速是340m/s（1225km/h）的缘故。潮湿空气的音速略有增加，但是幅度不到0.5%，大多数场合可以忽略不计。对于华氏气温，可以用公式换算：*F*=9°C/5+32（C=摄氏气温）。

国际标准大气ISA规定：在对流层（0~11000米）中，海平面的气温为15℃，气压101325Pa，空气密度1.226kg/m$^3$，海拔每升高1000米，气温下降6.5℃。

用上面的公式计算不同海拔的气温，再综合前面的音速经验公式，就可以推算不同海拔的音速了。

在11000~20000m的高空（属平流层，气温基本没有变化，所以又叫“同温层”），温度下降到零下57℃（15−11×6.5=−56.5℃），这里的音速是*u*=331.3+[0.606×（−57）]=296.7m/s（约1068km/h）。喷气式飞机都喜欢在1万米左右的高空巡航，因为这里是平流层的底部，可以避开对流层因对流活动而产生的气流。在11000~20000m的同温层内，音速的标准值是1062km/h，而且基本稳定。

喷气式飞机都用马赫数Ma来表示速度，而不用对地速度。

这是因为物体在空气中飞行时，前端会压缩空气形成波动，这个波动是以音速传播的（因为声波也是波动的一种）。如果物体的飞行速度超过音速，那么这些波动无法从前端传播，而在物体前端堆积，压力增大，最终形成激波。激波是超音速飞行的主要阻力源。

物体飞行速度一旦超过音速，必然产生激波。激波会极大地增加飞行阻力，影响到整个飞行状态以及燃料的消耗。在不同的空气环境中，尽管飞行器的Ma数相同，但它们的对地速度是不相等的；不过，它们受到的阻力却大致相当。所以，飞行器都是用当地的音速来衡量当前速度的。

以音叉为例，我们敲打音叉之后，音叉产生振动，振动中的音叉会来回推撞周围的空气，使得空气的压力时高时低，而使得空气分子产生密部和疏部的变化，并藉由分子间的碰撞运动向外扩散出去，音叉的声波也就向外传出了。声波在传递时，空气分子的振动方向和波的传递方向是相同的，我们把这种波叫作“纵波”。

像空气这种可以传递声波的物质，我们把它们叫作“介质”。声波一定要有介质才能传递出去，如果真空状态，声波没有了传播的媒质，就无法听到声音了。

除了空气可以传递声音外，液体（像水）、固体（像木材、玻璃、钢铁）等，也都是声音的介质，而且因为液体、固体的分子排列得较紧密，因此传递声音的速度都比空气来得快。声音在

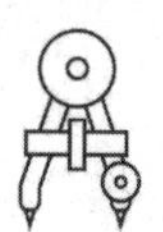

水中的传播速度大约是在空气中的五倍，在钢中则比空气中快上将近二十倍。

日常生活中，声音大都藉由空气传播，历史上第一次测出空气中的声速，是在公元1708年的时候。当时一位英国人德罕姆站在一座教堂的顶楼，注视着十九公里外正在发射的大炮，他计算大炮发出闪光后到听见轰隆声之间的时间，经过多次测量后取平均值，得到与现在相当接近的声速数据——在20℃时，每秒可跑345米。

**物理知识小链接**

声音的传播需要物质，物理学中把这样的物质叫作介质。

声音在不同的介质中的传播速度：

真空0m/s（也就是不能传播）、空气（15℃）340m/s、空气（25℃）346m/s、软木500m/s、煤油（25℃）1324m/s、蒸馏水（25℃）1497m/s、海水（25℃）1531m/s、铜（棒）3750m/s、大理石3810m/s、铝（棒）5000m/s、铁（棒）5200m/s。

## 回声是怎么形成的

五年级的妞妞经常充当邻居家妹妹的老师，这不，周末下午，邻居阿姨又把妹妹送到她们家了。妞妞和妹妹玩了一会儿后，想教妹妹读课文，她拿出二年级时的课本，然后读着：

“小河上有座石桥。半圆的桥洞和水里的倒影连起来，好像一个大月亮。

小青蛙跟着妈妈游到桥洞底下，看到周围美丽的景色，高兴得叫起来‘呱呱呱，多好看啊！’这时，不知哪儿有一只小青蛙也在叫起来：‘呱呱呱，多好看啊！’小青蛙问：‘你是谁？你在哪儿？’

那只看不见的小青蛙也在问：‘你是谁？你在哪儿？’

小青蛙奇怪极了，他问妈妈：‘桥洞里藏着一只小青蛙吧？他在学我说话哩。’妈妈笑着说：‘孩子，跟我来！’

青蛙妈妈带着小青蛙跳到岸上。她捡起一颗石子，扔进河里，河水激起一圈圈波纹。波纹碰到河岸，又一圈圈地荡回来。

青蛙妈妈说：‘孩子，你的叫声就像这水的波纹。水的波纹碰到河岸又荡回来。你在桥洞里叫，声音的波纹碰到桥洞的石壁，也要返回来。这样，你就听到自己的声音啊。’小青蛙高兴得一蹦老高，说：‘妈妈，我明白了，这就是回声吧？’妈妈笑着点点头。

小青蛙又游回桥洞里，呱呱地叫个不停。桥洞里立刻响起一片呱呱的回声。小青蛙欢快地说：‘多好玩啊！’”

《回声》这篇课文很形象地解释了物理中回声的规律。当声投射到距离声源有一段距离的大面积上时，声能的一部分被吸收，而另一部分声能要反射回来，如果听者听到由声源直接发来

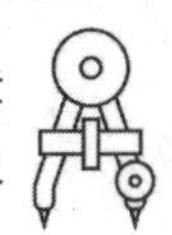

的声和由反射回来的声的时间间隔超过十分之一秒（在15℃空气中，距声源至少17米处反射），就能分辨出两个声音，这种反射回来的声叫“回声”。如果声速已知，当测得声音从发出到反射回来的时间间隔，就能计算出反射面到声源之间的距离。

引证解释：

（1）声波遇到障碍物反射回来再度被听到的声音。金近《小白鹅在这里》：“牧羊孩子就大声喊起来：‘小白鹅！你在哪儿啦？’只有山那边起着回声。”

（2）指轮船抵达码头时拉响汽笛发出的信号。茅盾《子夜》一：“不错，不错，姑老爷。已经听得（汽船）拉过回声。”

（3）反响，反应。鲁迅《花边文学·论秦理斋夫人事》：“只有新近秦理斋夫人及其子女一家四口的自杀，却起过不少的回声，后来还出了一个怀着这一段新闻记事的自杀者，更可见其影响之大了。”

（4）做了什么事之后，心里的想法。

最新研究称我们都有获得回声定位能力的潜能

多年以来都有着人们精通回声定位技术的传奇故事，这项技术通常都被蝙蝠和海豚用于测绘和了解它们周围的环境。出生于美国的BenUnderwood在三岁的时候由于癌症失去了视力，开始使用一系列的敲击声来寻找自己的道路。在他十几岁的时候，Underwood已经能够娴熟地滑旱冰，这就证实他具备了准确了解周围环境的神奇能力。他甚至能够玩电子游戏，但

是这种能力与他的回声定位技能无关，而是因为他听力的高度敏感性。同样多赛特的Lucas Murray在“盲人无障碍世界”组织的创建者Daniel Kish的训练下，在7岁的时候也掌握了这种技巧。

南安普顿大学声音与振动研究所和塞浦路斯大学组建的一个团队借助一间消声室来进行试验。这个房间是隔音的，而且它的墙壁能够吸收声波来消除背景噪声。研究团队在其中使用了不同频率的声音，与此同时一些盲人和正常人尝试使用它们来确定物体的位置和方向。他们发现，大于等于2kHz的频率使测试者都能准确定位物体。他们的研究意味着我们全都有可能成为回声定位专家。

研究的作者Daniel Rowan说道：“一些人比其他人更擅长，而且失明并不会自动获得良好的回声定位能力，但是原因我们尚不清楚。”研究团队发现，距离物体越远就越难以确定它的方位。测试者能够在1.8米的距离确定物体，即使不直接面对它也

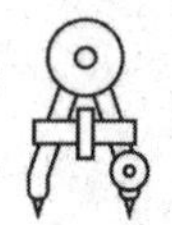

可以。研究团队认为，让测试者随意晃动脑袋，能够更好地确定物体的距离。研究人员希望这种研究的结果能够帮助开发出更易回声定位的装置。研究作者写道：“下一步研究将进行延伸，将把与现实回声定位其他相关的因素考虑进来。”

### 物理知识小链接

回声指声波的反射引起的声音的重复；亦可指反射回来的超声波信号。

## 声音也可以灭火吗

这天上午，盈盈妈妈在家，听到外面警车声轰鸣，她推开窗一看，原来是隔壁小区着火了，火警正火速赶往呢，幸亏火势不大，很快就扑灭了。

盈盈妈想下楼看看，正巧碰到从外面回来的女儿。

盈盈：“妈妈，着火了着火了。”

妈妈：“哎呀，你慢点，不是已经扑灭了吗？”

盈盈：“是啊，我就是从那边赶过来的。”

妈妈：“没什么人员伤亡吧？”

盈盈：“没有，就是那户人家的窗户烧黑了，幸亏警察来得快。”

妈妈："是啊，现在的灭火器都很先进了，来得及时的话都能迅速扑灭的。"

盈盈："那灭火器都用什么灭火？"

妈妈："一般是水、泡沫、干粉或者二氧化碳。不过，还有个特殊的方法。"

盈盈："什么方法？"

妈妈："声音啊。"

盈盈："怎么可能，声音能灭火？"

妈妈："我就知道你会这么吃惊，确实，声音还有这一特殊的作用……"

的确，如果我问你，失火的时候应该用什么来把它扑灭。你会毫不犹豫地说"当然是用水啦"。那我再问你，你是怎样熄灭蜡烛的？你也会毫不犹豫的说"当然是用嘴来把它吹灭啦"。

你的回答是不错的。在日常生活中，这是我们最常用的灭火和灭烛的方法。可是我却是用声音来熄灭蜡烛的，奇怪吗？

准备好一张硬纸、剪刀、胶水，我们来做一个声音灭火器。其实它只不过是一个圆柱形的纸盒，这个纸盒的做法如下。

先从硬纸上剪下一张边长为20厘米的正方形，把它卷成一个直径约5厘米的圆筒，用胶水把纸筒的接合处粘牢，再从硬纸上剪下两个直径约6厘米的圆。在其中一个圆的中心处剪一个直径约1.5厘米的小圆洞，然后把两个圆粘到纸筒两端把纸筒的两端堵住，使它形成一个圆柱形的纸盒。这就是声灭火器。不过你一

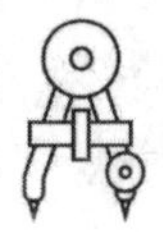

定要把粘合处粘牢，千万不要使接缝处漏气。

把一支点燃的蜡烛固定在桌子上。然后用你的左手握住圆纸盒，把它拿到离蜡烛60厘米左右的地方，并且使盒盖上的洞对准蜡烛的火焰。用你右手的食指不停地弹圆纸盒的盒底。圆纸盒发出了“扑扑”的声音。不一会儿，你就会发现蜡烛的火焰被熄灭了。

难道真的是声音把火给扑灭了吗？如果你还不相信，那你还可以多试几次，结果都是一样的。

因为你用力敲击盒底的时候，产生了声音，声音本身是一种波，而声波是有压力的。在这个压力的作用下，火焰便被“压”灭了。这就是声灭火器的道理。

2012年，美国国防部先进研究计划机构（DARPA）进行的“声音墙灭火”实验，以两处扬声器对着火源发出声音，由于提

高了空气速度，可让火源面积逐渐变小，火势就容易控制，再加上火势经由声音干扰并分散成数个起火点，因此让燃烧速度增快，火灾就很快可以遭到扑灭，而且科学家表示，要完全扑灭火势，不需要制造高分贝噪声也可以达到。

科学家古德曼表示：“我们经由实验发现，燃烧时的物理现象仍有许多未知的秘密，或许这些实验结果可以作为研究燃烧的新题材与应用。”

利用声音灭火的先驱美国国防部先进研究计划机构并不是第一人，德国科学家鲁本斯（Heinrich Rubens）早在十九世纪就曾透过“火”管与控制声音来影响火势发展。

美国国防部先进研究计划机构则表示，实验证实假使火场面积过大，先透过外力声音帮忙可以暂时在火场中“清出”逃生走道，未来则将进一步实验是否能扩大灭火的面积。

### 物理知识小链接

声音本身是一种波，而声波是有压力的。当着火的时候，利用声音的压力，就能将火“压”灭了。

## 什么是超声波

阳阳最近很高兴，因为他多了个亲人——在二胎政策号召

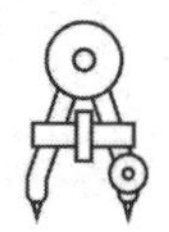

下，妈妈又怀孕了。

这周是妈妈产检的日子，爸爸没时间，妈妈让阳阳陪着去。

阳阳和妈妈等了好久，终于到他们了，阳阳扶着妈妈进了B超室，阳阳就出来了。

过了会儿，妈妈出来了，阳阳问：“怎么样？”

“挺好的，一切顺利。”

“那就好。”阳阳说。

“是啊，现在医疗技术好，产检也发达，放心吧。”

“嗯，不过，妈妈，B超检查身体的原理是什么啊，好神奇啊。”

“B超就是超声波检查，是超声波在医学上的运用……”

的确，生活中，我们在医院经常看到人们做超声波检查，那么，什么是超声波？超声波是一种频率高于20000Hz的声波，它的方向性好，穿透能力强，易于获得较集中的声能，在水中传播距离远，可用于测距、测速、清洗、焊接、碎石、杀菌消毒等。在医学、军事、工业、农业上有很多的应用。超声波因其频率下限大于人的听觉上限而得名。

科学家们将每秒钟振动的次数称为声音的频率，它的单位是赫兹（Hz）。我们人类耳朵能听到的声波频率为20~20000Hz。因此，我们把频率高于20000赫兹的声波称为“超声波”。通常用于医学诊断的超声波频率为1兆~30兆赫兹。理论研究表明，在振幅相同的条件下，一个物体振动的能量与振动频率成正比，超声波在介质中传播时，介质质点振动的频率很高，因而能量很大。在中国北方干燥的冬季，如果把超声波通入水罐中，剧烈的振动会使罐中的水破碎成许多小雾滴，再用小风扇把雾滴吹入室内，就可以增加室内空气湿度，这就是超声波加湿器的原理。如咽喉炎、气管炎等疾病，很难利用血流使药物到达患病的部位，利用加湿器的原理，把药液雾化，让病人吸入，能够提高疗效。利用超声波巨大的能量还可以使人体内的结石做剧烈的受迫振动而破碎，从而减缓病痛，达到治愈的目的。超声波在医学方面应用非常广泛，可以对物品进行杀菌消毒。

超声波是属于声音的类别之一，属于机械波，声波是指人耳能感受到的一种纵波，其频率范围为16~20kHz。当声波的频率低于20Hz时就叫作次声波，高于20KHz则称为超声波。

医学超声波检查的工作原理与声纳有一定的相似性，即将超声波发射到人体内，当它在体内遇到界面时会发生反射及折射，并且在人体组织中可能被吸收而衰减。因为人体各种组织的形态与结构是不相同的，因此其反射与折射以及吸收超声波的程度也就不同，医生们正是通过仪器所反映出的波型、曲线，或影像的特征来辨别它们。此外再结合解剖学知识、正常与病理的改变，便可诊断所检查的器官是否有病。

目前，医生们应用的超声诊断方法有不同的形式，可分为A型、B型、M型及D型四大类。

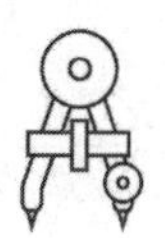

A型：是以波形来显示组织特征的方法，主要用于测量器官的径线，以判定其大小。可用来鉴别病变组织的一些物理特性，如实质性、液体或是气体是否存在等。

B型：用平面图形的形式来显示被探查组织的具体情况。检查时，首先将人体界面的反射信号转变为强弱不同的光点，这些光点可通过荧光屏显现出来，这种方法直观性好，重复性强，可供前后对比，所以广泛用于妇产科、泌尿、消化及心血管等系统疾病的诊断。

M型：是用于观察活动界面时间变化的一种方法。最适用于检查心脏的活动情况，其曲线的动态改变称为超声心动图，可以用来观察心脏各层结构的位置、活动状态、结构的状况等，多用于辅助心脏及大血管疾病的诊断。

D型：是专门用来检测血液流动和器官活动的一种超声诊断方法，又称为多普勒超声诊断法。可确定血管是否通畅、管腔是否狭窄、闭塞以及病变部位。新一代的D型超声波还能定量地测定管腔内血液的流量。近几年来科学家又发展了彩色编码多普勒系统，可在超声心动图解剖标志的指示下，以不同颜色显示血流的方向，色泽的深浅代表血流的流速。现在还有立体超声显象、超声CT、超声内窥镜等超声技术不断涌现出来，并且还可以与其他检查仪器结合使用，使疾病的诊断准确率大大提高。超声波技术正在医学界发挥着巨大的作用，随着科学的进步，它将更加完善，将更好地造福于人类。

英国雪菲尔大学的科学家们，在实验室用罹患糖尿病且衰老的老鼠为受试者，采用低强度超音波治疗创伤，结果发现：超音波能成功地处促使身体愈合因子移动至伤口处，并发挥作用，且将原本需要的9天愈合期缩减为6天。同时也减少感染率。但老鼠和人体毕竟有区别，其功效仍待进一步的人体试验。

### 物理知识小链接

超声波指频率高于2×10千赫兹的声波。研究超声波的产生、传播、接收，以及各种超声效应和应用的声学分支叫超声学。产生超声波的装置有机械型超声发生器（例如气哨、汽笛和液哨等）、利用电磁感应和电磁作用原理制成的电动超声发生器、以及利用压电晶体的电致伸缩效应和铁磁物质的磁致伸缩效应制成的电声换能器等。

## 什么是次声波

阳阳妈妈在为阳阳解释完超声波的知识后，阳阳刨根问底继续问：“妈妈，有超声波，就有次声波吧？”

“是啊。”

“那什么是次声波呢？”

“次声波是频率小于20Hz的声波。”

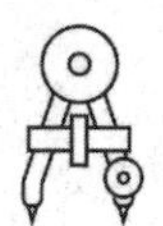

“那次声波也是用来检查身体的吗？”

“不是的，超声波有很多应用范围，而次声波就对人体有很强的杀伤力了……”

频率小于20Hz（赫兹）的声波叫作次声波。次声波不容易衰减，不易被水和空气吸收。而且次声波的波长往往很长，因此能绕开某些大型障碍物发生衍射。某些次声波能绕地球2至3周。某些频率的次声波由于和人体器官的振动频率相近甚至相同，容易和人体器官产生共振，对人体有很强的伤害性，危险时可致人死亡。

次声波的特点是来源广、传播远、能够绕过障碍物传得很远。次声波的声波频率很低，在20Hz以下，波长却很长，传播距离也很远。它比一般的声波、光波和无线电波都要传得远。例如，频率低于1Hz的次声波，可以传到几千以至上万千米以外的地方。

次声波具有极强的穿透力，不仅可以穿透大气、海水、土壤，而且还能穿透坚固的钢筋水泥构成的建筑物，甚至连坦克、军舰、潜艇和飞机都不在话下。次声波的传播速度和可闻声波相同，由于次声波频率很低。大气对其吸收甚小，当次声波传播几千千米时，其吸收还不到万分之几，所以它传播的距离较远，能传到几千米至十几万千米以外。

1883年8月，南苏门答腊岛和爪哇岛之间的克拉卡托火山爆发，产生的次声波绕地球三圈，全长十多万公里，历时108小时。1961年，苏联在北极圈内新地岛进行核试验激起的次声波绕地球转了5圈。7000Hz的声波用一张纸即可阻挡，而7Hz的次声波可以穿透十几米厚的钢筋混凝土。地震或核爆炸所产生的次声波可将岸上的房屋摧毁。次声波如果和周围物体发生共振，能放出相当大的能量。如4~8Hz的次声波能在人的腹腔里产生共振，可使心脏出现强烈共振和肺壁受损。

次声波会干扰人的神经系统正常功能，危害人体健康。一定强度的次声波，能使人头晕、恶心、呕吐、丧失平衡感甚至精神沮丧。有人认为，晕车、晕船就是车、船在运行时伴生的次声波引起的。住在十几层高的楼房里的人，遇到大风天气，往往感到头晕、恶心，这也是因为大风使高楼摇晃产生次声波的缘故。更强的次声波还能使人耳聋、昏迷、精神失常甚至死亡。

那么，次声波是怎么被人类发现的呢？

1890年，一艘名叫“马尔波罗号”的帆船在从新西兰驶往英国的途中，突然神秘地失踪了。20年后，人们在火地岛海岸边发现了它。奇怪的是，船上的东西都原封未动，完好如初。船长航海日记的字迹仍然依稀可辨；就连那些已死多年的船员，也都“各在其位”，保持着当年在岗时的“姿势”；1948年年初，一艘荷兰货船在通过马六甲海峡时，一场风暴过后，全船海员莫名其妙地死光；在匈牙利鲍拉得利山洞入口，3名旅游者齐刷刷地突然倒地，停止了呼吸……

上述惨案，引起了科学家们的普遍关注，其中不少人还对

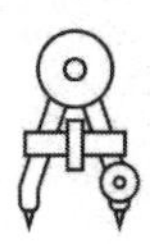

船员的遇难原因进行了长期的研究。就以本文开头的那桩惨案来说，船员们是怎么死的？是死于天火或是雷击的吗？不是，因为船上没有丝毫燃烧的痕迹；是死于海盗的刀下的吗？不！遇难者遗骸上没有看到死前打斗的迹象；是死于饥饿干渴的吗？也不是！船上当时贮存着足够的食物和淡水。至于前面提到的第二桩和第三桩惨案，是自杀还是他杀？死因何在？凶手是谁？检验的结果是：在所有遇难者身上，都没有找到任何伤痕，也不存在中毒迹象。显然，谋杀或者自杀之说已不成立。那么，是以疾病一类心脑血管疾病的突然发作致死的吗？法医的解剖报告表明，死者生前个个都很健壮！

经过反复调查，终于弄清了制造上述惨案的“凶手”，是一种为人们所很不了解的次声波。

50年前，美国一个物理学家罗伯特·伍德专门为英国伦敦一家新剧院做音响效果检查。当剧场开演后，罗伯特·伍德悄悄打开了仪器，仪器无声无息地在工作着。不一会儿，剧场内一部分观众便出现了惶惶不安的神情，并逐渐蔓延至整个剧场，当他关闭仪器后，观众的神情才恢复正常。这就是著名的次声波反应试验。

原来，人体内脏固有的振动频率和次声频率相近似（0.01~20赫兹），倘若外来的次声频率与人体内脏的振动频率相似或相同，就会引起人体内脏的“共振”，从而使人产生上面提到的头晕、烦躁、耳鸣、恶心等一系列症状。特别是当人的腹腔、胸腔等固有的振动频率与外来次声频率一致时，更易引起人体内脏的共振，使人体内脏受损而丧命。前面开头提到的发生在马六甲海峡的那桩惨案，就是因为这艘货船在驶近该海峡时，恰遇上海上起了风暴，风暴与海浪摩擦，产生了次声波。次声波使人的心脏及其他内脏剧烈抖动、狂跳，以致血管破裂，最后促使死亡。

因此，科学家们发现，当次声波的振荡频率与人们的大脑节律相近，且引起共振时，能强烈刺激人的大脑，轻者恐惧，狂癫不安。重者突然晕厥或完全丧失自控能力，乃至死亡。当次声波振荡频率与人体内脏器官的振荡节律相当，而人处在强度较高的次声波环境中，五脏六腑就会发生强烈的共振。刹那间，大小血管就会一齐破裂，导致死亡。

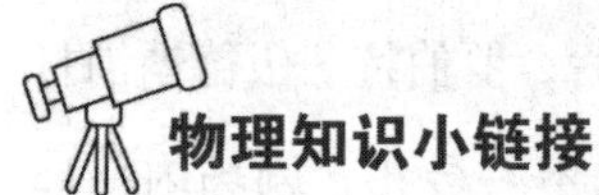

### 物理知识小链接

次声波对人体能造成危害，世界上有许多国家已明确将其列为公害之一，并规定了最大允许次声波的标准。并从声源、接受噪声、传播途径入手，实施了可行的防治方法。

## 腹语——真的有人可以用肚子说话吗

元旦马上要到了，全校师生都很兴奋，因为他们听说，今年

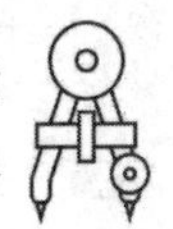

学校请了一位腹语大师来学校表演。元旦这天，节目开始前，大家就早早来到学校礼堂。

腹语表演时，同学们被这位大师的精彩表演震撼到了，到结束时，更是掌声雷动。随后，有同学问班主任蔡老师："老师，今天晚上这位大师是怎么用肚子说话的呢？"

"哈哈，其实腹语并不是用肚子在说话，而是表演者改变了发音的方式而已……"

提到腹语，可能不少人认为，腹语就是用腹部说话，其实不然，任何人都不可能用肚子来说话。而是说经过了一定的专业训练之后，改变了我们发音的方式。平时我们在说话的时候，基本上是靠唇齿舌共同运动声带肌肉挤压声带，声带主动震动而发出声音的，但是在说腹语的时候，嘴唇纹丝不动，甚至是在嘴唇闭合的状态之下，肚子用力，将气息在腹腔调和，打在声带的特殊部位，声带被动震动，形成的一种特殊的发音技巧。近些年腹语流行于欧美国家，是一种受各年龄段观众喜欢的特殊表演方式。

在我们正常说话尤其是唱歌时，要利用口腔共振发声。而另外的情况是在说悄悄话时，怕别人听到，就只用声带发音，尽量减小口腔共振。再有一种是用假嗓子说话唱歌，如唱陕北民歌，就是另一种利用嗓子发音的方式。上面说的民间艺人则是两种嗓子（也许再加哨子）并用，而得到奇妙的艺术效果。腹语则是反其道而行之，讲话向肚中咽，使声音在腹腔共振，这样隔着肚皮就可以听到含混不清的话音。

其实真正的腹语并不是用腹部说话，人不可能用腹部说话，除非腹部结构与常人不同。所谓腹语仍然是用嘴说话，至于怎么用嘴说话，才是腹语的真正奥秘。很多电视节目用话筒对着发音者腹部说这是腹语是一种不负责任的表现——来自中南民族大学的老师为我们解开了真正发音方式。

因为“腹语”这个名词让人误以为是腹部发音，实际上不是，仔细观察发音者会发现他们嘴巴大多数都张有小口，这才是真正之谜。至于武侠小说和电影中腹部说话都是虚构。

因为中国达人秀引发腹语热，专门出售腹语道具的地方还不多，但是有很多人已经能够掌握腹语。可以到优酷网或土豆网查询腹语视频。

那么，腹语怎么练习呢?

“腹语”练好了可以发出比较大的声音，不一定要耳朵贴着肚皮去听。腹语并不难，只要唇齿不动，用舌头来讲话即可。开始有些不习惯，慢慢就会掌握窍门，发音也由唔唔声变清楚些了。

“腹语”练习最主要要学会肚子用力，将下丹田的气息通过腹腔、胸腔、喉腔、口腔、头颅集体共鸣达到立体声的发声效果。腹语是一门高深的艺术，腹语的声音跟自己的原始声音是有本质区别的。这一点一定要牢记。腹语声音分为三种，男低音，女高音，卡通音。接下来可以将三类声音再进行细分和联系。腹语练习的步奏可以分为以下三个阶段：

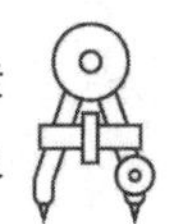

（1）初学者——喉音。也就是嘴唇不动的情况下挤压声带发出的声音。一般声音比较干涩，发声的时候面部表情用力比较明显。

（2）入门——胸音。腹语练习男性和女性的发音方式是不同的。男性的胸音比较重，女性的喉音及其喉管以上部位音律较重。经过半年到一年的坚持练习，初学者都可以达到胸音这个阶段。这时候声音的力量比较大，学习者可以学会用脖子附近肌肉的力量，面部用力表情会减少或者没有。

（3）初级——腹语声。学习者学会肚子用力，将下丹田的力量在腹腔、胸腔、口腔、鼻咽腔进行相互调节运用。嘴巴可以随心所欲地做出和发声不一致的表情。这时候的发声为立体声。腹语高手可以达到嘴巴在吃东西的时候，通过鼻腔发音。在喝水的时候，刷牙的时候，都可以通过自己的高超技能达到腹语发音的神奇效果。腹语的入门练习一般需要一年左右的不懈坚持。真正领悟腹语精髓，成为腹语师则需要坚持不懈的努力和感悟。这个过程则因人而异，一般为三到五年或者五到十年。就像唱歌一样人人都会，但是学习京剧则需要五到十年或者更长时间的专业学习。

### 物理知识小链接

腹语起源于古中国后流传到古埃及，距今已有3000多年的历史。中国的史书上，也有腹语表演的记载。只是如今，能表演腹语的中国艺术家几乎没有。腹语表演时，演员一般操纵一具木偶，两者之间依据故事情节展开对话，通过表演先后的时间差，以不同的语音、语调，紧凑流畅地表现故事内容。

## 水杯也能奏出美妙的音乐

某小学请了当地著名的钢琴教师为孩子们演奏，以培养孩子们的音乐素养。

音乐的力量是强大的，刚开始，礼堂里还叽叽喳喳的，随着琴声的飘扬现场安静了，大家沉浸在曼妙的音乐中，当音乐结束，掌声雷动。

晚上回家，小欣拿着碗筷等妈妈做饭，她用筷子敲了下碗，发现声音挺好听的，然后又敲了下水杯，是另外一种声音。小欣很好奇，拿来了好几个大小不一的杯子，接连敲击，声音各不同，妈妈看到小欣的举动，上前解释说："我家闺女还挺细心的，确实，水杯能演奏出美妙的音乐哟，而你如果在里面装上不同容量的水，声音更动听呢，小时候，我们没钱买乐器，我们小伙伴都是拿废旧

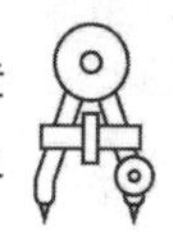

的玻璃容器，在里面装点水，然后敲着玩，还挺有趣的呢。”

“那为什么用水杯能奏出音乐呢？”

“因为盛了不同容量的水的水杯能发出不同的音调呢……”

钢琴的声音悦耳动听，小提琴的声音婉转悠扬，葫芦丝的声音优雅清新……这些乐器带给了我们美的感受，也带给了我们快乐。可是如果我们没有这些乐器，又很想听音乐怎么办呢？很简单！让水杯和筷子来帮助你吧！

我们要准备好八个水杯，并把它们一字排开。最右边的水杯不放水作为高音“do”，依次从左往右向杯子中加入不同分量的水，用筷子敲打水杯调音，使其能依次发出“do re mi fa sol la si”的声音。如果发现敲打的声音不准确，可以调整水杯中的水量。调好音之后，找出你喜欢的曲子的乐谱，用筷子敲击水杯，就可以弹奏你喜欢的音乐了。

我们听到的悦耳的声音，是由水杯共振产生的声音和杯子里的空气产生了共鸣。在这个实验中，声音的振动频率的不同，

是由水杯中水量的不同引起的。水杯中的水越多，水杯的振动越慢，发出的声音越低；水杯中的水越少，水杯的振动越快，发出的声音反而越高。适当地调节杯子的水量，就可以调节高音和低音，使其发出悦耳动听的声音。不仅仅是水杯，向装有不同水量的矿泉水瓶中吹气，也会发出高低不同的声音。

声音频率的高低叫作音调（Pitch），是声音的三个主要的主观属性，即音量（响度）、音调、音色（也称音品）之一，表示人的听觉分辨一个声音的调子高低的程度。音调主要由声音的频率决定，同时也与声音强度有关。对一定强度的纯音，音调随频率的升降而升降；对一定频率的纯音、低频纯音的音调随声强增加而下降，高频纯音的音调却随强度增加而上升。

音调的高低还与发声体的结构和材料有关，因为发声体的结构影响了声音的频率。

大体上，2000赫兹以下的低频纯音的音调随响度的增加而下降，3000赫兹以上高频纯音的音调随响度的增加而上升。

对音调可以进行定量的判断。音调的单位称为美（mel）：取频率1000赫兹、声压级为40分贝的纯音的音调作标准，称为1000美，另一些纯音，听起来调子高一倍的称为2000美，调子低一倍的称为500美，依此类推，可建立起整个可听频率内的音调标度。

音调还与声音持续的时间长短有关。非常短促（毫秒量级或更短）的纯音，只能听到像打击或弹指那样的“喀嚓”一响，感觉不出音调。持续时间从10毫秒增加到50毫秒，听起来觉得音调

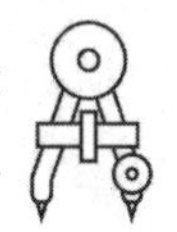

是由低到高连续变化的。超过50毫秒，音调就稳定不变了。

乐音（复音）的音调更复杂些，一般可认为主要由基音的频率来决定。

**物理知识小链接**

瓶子里装不同高度的水，敲击瓶子时，装水少的音调高。此处，我们要注意，对盛水的瓶子来说，相同直径条件下，盛放的水越少，音调越高；盛放的水越多，音调越低。因为此种情况下，主要是瓶体振动发声，而过多水减缓了瓶体的振动频率，致使音调降低。

## 听声识人——为什么人的声音各不同

周末这天，妞妞在客厅看电视，妈妈在叠衣服。

突然，楼道里有人在说话，其中一人说："最近这蔬菜又涨价了啊。"

另外一人说："是啊，我们这工资不涨，物价涨，这生活都快过不起了。"

"所以，只有努力挣钱了啊，还有一大家子要养呢。"

听到这，妞妞说："肯定是五楼的刘阿姨和七楼的王奶奶。"

妈妈说："哈哈，你还挺细心的，不过你怎么知道是她们？"

妞妞："这太简单了啊，她们的说话声音跟别人都不同啊，就像我们俩声音也不同。"

妈妈："对呀，这就是人们说的听声识人，每个人的声音不同，所以我们能分辨出来。"

妞妞："那为什么人的声音有千差万别呢？"

生活中，不少小朋友问，为啥我听到你说话在没有看到你的情况下我就能知道是你呢？

因为"音色"，音色的不同取决于不同的泛音，每一种乐器、不同的人以及所有能发声的物体发出的声音，除了一个基音外，还有许多不同频率（振动的速度）的泛音伴随，正是这些泛音决定了其不同的音色，使人能辨别出是不同的乐器甚至不同的人发出的声音，每一个人即使说相同的话也有不同的音色，

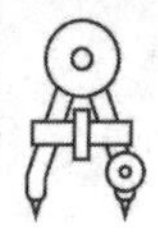

因此可以根据其音色辨别出是不同的人。

从物理的声学理论阐述：声音由音调、响度和音色决定的。人的声音是由喉部的肌肉收缩引起声带振动，再经过口腔、鼻腔的共鸣后发出。每个人的声带及其共鸣器官的结构特征不一样，振动时发出的音色（声谱）就像人的指纹一样，相同的概率是非常低的。因此，不同的人发出同一个音，其音色是因人而异，这就是大家的声音不一样的道理。

那么，什么是音色呢？

音色又称音品，是听觉感到的声音的特色。纯音不存在音色问题，复音才有音色的不同。音色主要决定于声音的频谱，即基音和各次谐音的组成，也和波形、声压及声音的时间特性有关系。如果留声机的唱片反向转动，声音的频谱虽然未变，音色却显著改变了。这说明音色在很大程度上与各泛音在开始时和终了时振幅上升和下降的特点有关系。

音色对电乐器的研制有非常重要的意义。目前正是根据各种乐器声音的频谱、基音和各次谐音的相对强度，用电声方法进行模拟来制作电乐器。

音调的高低决定于发声体振动的频率，响度的大小决定于发声体振动的振幅,但不同的发声体由于材料、结构不同，发出声音的音色也就不同，这样我们就可以通过音色的不同去分辨不同的发声体。音色是声音的特色，根据不同的音色，即使在同一音高和同一声音强度的情况下，也能区分出是不同乐器或人发出的。同样的响度和音调上不同的音色就好比同样饱和度和色相配上不同的明度的感觉一样。

音色的类型，是由振源的特性和共振峰的形状共同决定的。就振源来说，谐波衰减快，音色就很柔和，声音的融合性和穿透力好，例如人声和弦乐器；谐波衰减慢，音色就很坚硬，声音的融合性和穿透力差，例如木管乐器（特别是双簧管和萨克斯管）。就共鸣腔来说，共振峰出现在较低的频率上，音色就暗淡，例如长笛；共振峰出现在较高的频率上，声音就明亮，例如小号。某些音色具有多种特性，例如人声的音色既柔软又暗淡，双簧管的音色既坚硬又明亮，圆号同时具有暗淡和明亮的音色。

音色是由发音体的性质决定的，具体来说是由振动体的振动规律决定的，不同的发音体具有不同的固有振动规律——主要是频率和波形，自然就产生了不同的音色。发音体的材料、结构及振动的部位等都影响发音体的音色。

# 第6章

# 奇光异彩，探索光学的奥秘

生活中的小朋友们，当你过红绿灯的时候，你可能产生过疑问，为什么信号灯是红、黄、绿三色的呢？雨后为什么会有彩虹？传说中的海市蜃楼真的有吗？天狗吃月亮是怎么回事呢？其实，这都是物理中的光学现象，带着这些疑问，我们来学习本章中的内容。

## 跟在我们身后的影子是怎么来的

这天早上，妈妈骑电动车送星星去学校，太阳照在身上，星星不自觉地看了看地面，发现电动车和人的影子不停变化着，星星很好奇，便问妈妈："妈妈，为什么我们人会有影子啊？"

"因为有太阳光啊。"

"有太阳光为什么就有影子呢？"

"这是光学问题了，太阳光是直线传播的……"

的确，在我们身边，随处都可以看到影子。白天在有阳光的日子里，我们可以看到各种各样的影子；晚上，在月光和灯光下，我们也可以看到各种各样的影子——树影、人影、车影……

那么，影子是怎样形成的呢？让我们来做一个小实验。先在桌上放上一盏台灯（光源），有了光源还不能看到影子；然后在桌子的另一头竖着放一张纸（屏幕），有了光源，又有了屏幕，但是还是没有影子；接下来在桌上放一个玩偶，现在我们制造出了一个影子。这就是俗话所说的形影相随：先要有形，然后才会有影。影子是光线照到不透明或半透明的物体被物体遮挡的阴影区。

影子的产生必须具备三个基本条件：首先要有光，然后要有不透明或半透明的遮光的物体，还要有一个能显示出影子的地方。如果缺少其中任何一个条件，都不会有影子产生。当物体不透明时，产生的阴影区是黑色的，假如物体是红色透明的，产生的阴影区则是红色的。

另外，如果我们细心观察，就会发现影子的长短是可以变化的，是光源的变化使影子由长变短，从一边移到另一边。影子的方向也是可以变化的。一棵树，早上树影在西边，下午树影却跑到了东边，这是太阳的东升西落造成的。根据这个原理，我们的祖先发明了日晷，它是利用太阳的影子来测定时间的一种仪器。我国古代的日晷，常用一个石制的圆盘做钟面，圆盘中心有一个铁针。日晷倾斜地安置在石座上，钟面分成12个时辰，人们看到指针在钟面上的投影，就知道是什么时间了。

# 天狗真的把月亮吃了吗

这天吃晚饭时，妞妞告诉妈妈：“妈，手机借我用一下。”

“吃饭时候不要玩手机，影响消化。”妈妈说。

“不是，用它百度个问题。”

“什么问题？”

“昨天我看新闻说这周末晚上会出现月全食，我想了解下什么是月全食。”

“哦，这样，其实就是民间说的天狗吃月亮。”

“那是怎么回事呢？”妞妞很好奇。

“其实这是物理中的光学上的问题……”

这里，“天狗吃月亮”其实就是月食，以前古人不了解这个，所以说月亮被狗吃了，天狗吃月亮是古人对“月食”这一天文现象的俗称。月食是自然界的一种现象，当太阳、地球、月球三者恰好或几乎在同一条直线上时（地球在太阳和月球之间），太阳到月球的光线便会部分或完全地被地球掩盖，产生月食。

也就是说，此时的太阳、地球、月球恰好（或几乎）在同一条直线，因此从太阳照射到月球的光线，会被地球所掩盖。

以地球而言，当月食发生的时候，太阳和月球的方向会相差180°。要注意的是，由于太阳和月球在天空的轨道（称为黄道和白道）并不在同一个平面上，而是有约5°的交角，所以只有太阳和月球分别位于黄道和白道的两个交点附近，才有机会连成一条直线，产生月食。

月食可分为月偏食、月全食两种。当月球只有部分进入地球的本影时，就会出现月偏食；而当整个月球进入地球的本影之时，就会出现月全食。至于半影月食，是指月球只是掠过地球的半影区，造成月面亮度极轻微的减弱，很难用肉眼看出差别，因此不为人们所注意。月全食后半影食始：月球刚刚和半影区接触，这时肉眼觉察不到。正式的月食的过程分为初亏、食既、食甚、生光、复圆五个阶段。

（1）半影食始：月球刚刚和半影区接触，这时月球表面光度略为减少，但肉眼较难觉察。

（2）初亏（仅月偏食和月全食）：标志月食开始。月球由东缘慢慢进入地影，月球与地球本影第一次外切。

（3）食既（仅月全食）：月球进入地球本影，并与本影第一次内切。月球刚好全部进入地球本影内。

（4）食甚：月圆面中心与地球本影中心最接近的瞬间，此时前后月球表面呈红铜色或暗红色。原因：太阳光经过地球大气层时发生折射，使光线向内侧偏折，但每种光的偏折程度不一样（色散），红光偏折程度最大，最接近地球阴影，映在月球上；此外，由于大气层的灰尘及云的含量与位置不同，光线偏折程度会有不同，因此月全食时的月球是暗红、红铜或橙色的。同样的道理，由于大气层的折射，朝阳与夕阳不是白色的，而根据高度因为大气折射程度不同，呈现橙色或红色。

（5）生光（仅月全食）：月球在地球本影内移动，并与地球本影第二次内切。月球东边缘与地球本影东边缘相内切，这时全食阶段结束。

（6）复圆（仅月偏食和月全食）：月球逐渐离开地球本影，与地球本影第二次外切。月球的西边缘与地球本影东边缘相外切，这时月食全过程结束。月球被食的程度叫“食分”，它等于食甚时月轮边缘深入地球本影最远距离与月球视经之比。

（7）半影食终：月球离开半影，整个月食过程正式完结。月偏食没有食既、生光过程，食甚也只表示最接近地球阴影的时刻。

月食程度的大小用食分来表示。食分等于食甚时，月球视直径在食甚时进入本影的部分与月球视直径之比。食甚时如月球恰和本影内切，食分等于1。食甚时如月球更深入本影，食分用大于1的数字表示。月全食的食分大于或等于1。偏食的食分都小于1。半影月食的食分用月球直径进入半影的部分与月球视直径之比来表示。半影月食的食分大于0.7时，肉眼才可以觉察到。

## 物理知识小链接

北京时间2018年1月31日，迎来一次千载难逢的天文奇观“超级蓝色血月”，这是152年来超级月亮、蓝月亮和月全食首次同时出现。我们会同时看到一个肉眼可见的超级月亮和月全食。

## 什么是海市蜃楼

王太太上班的公司离儿子星星的学校很近，平时，星星放学后就会来到王太太的办公室，然后等妈妈一起回家。

这天，王太太从外面赶回来，看见儿子在自己办公室的电脑上上网，很奇怪，走过来问：“儿子，看什么呢？”

“查点资料。”

“查资料？什么资料？”王太太很好奇。

“海市蜃楼的资料，据说海市蜃楼很美，不知道是怎么形成的。”

“其实这是物理上的一种光学现象……”

在我国的沿海地区、沙漠地区偶尔可见到海市蜃楼，人们可以看到房屋、人、山、森林等景物，并且可以运动，栩栩如生。有人认为是人间仙境。那么，这种盛景是怎么形成的呢？我国山东蓬莱县，常可见到渤海的庙岛群岛幻景，素有“海市蜃楼”之称。

发生在沙漠里的“海市蜃楼”，就是太阳光遇到了不同密度的空气而出现的折射现象。沙漠里，白天沙石受太阳炙烤，沙层表面的气温迅速升高。由于空气传热性能差，在无风时，沙漠上空的垂直气温差异非常显著，下热上冷，上层空气密度高，下层空气密度低。当太阳光从密度高的空气层进入密度低的空气层时，光的速度发生了改变，经过光的折射，便将远处的绿洲呈现在人们眼前了。

在海面或江面上，有时也会出现这种“海市蜃楼”的现象。

平静的海面、大江江面、湖面、雪原、沙漠或戈壁等地方，偶尔会在空中或“地下”出现高大楼台、城廓、树木等幻景，称海市蜃楼。我国山东蓬莱海面上常出现这种幻景，古人归因于蛟龙之属的蜃，吐气而成楼台城廓，因而得名。海市蜃楼是光线在铅直方向密度不同的气层中，经过折射造成的结果。常分为上现、下现和侧现海市蜃楼。

我们来做个实验：取一只杯子，倒入大半杯水，放在太阳光下，再在杯中插入一根筷子。这时你看到水中的筷子和水面上的筷子像折断一样。这是光线折射造成的；光在同一密度的空气中行进时，光的速度不变，始终以直线的方向前进；但当光倾斜地由空气进入水的时候，水的密度变了，光的速度就会发生改变，并使前进的方向发生曲折。

那么，接下来，我们来了解一下物理上的光的折射现象。

光从一种介质斜射入另一种介质时，传播方向发生改变，从而使光线在不同介质的交界处发生偏折。

光的折射与光的反射一样都是发生在两种介质的交界处，只是反射光返回原介质中，而折射光线则进入到另一种介质中。由于光在两种不同的物质里传播速度不同，故在两种介质的交界处传播方向发生变化，这就是光的折射。在折射现象中，光路是可逆的。

在两种介质的分界处（不过有时没有），不仅会发生折射，

也发生反射，例如在水中，部分光线会反射回去，部分光线会进入水中。反射光线光速与入射光线相同，折射光线光速与入射光线不相同。

那么，光为什么会折射呢？

光波是一种特定频段的电磁波。光在传播过程中有两个垂直于传播方向的分量：电场分量和磁场分量。当电场分量与介质中的原子发生相互作用，引起电子极化，即造成电子云和原子荷重心发生相对位移。其结果是一部分能量被吸收，同时光在介质中的速度被减慢，方向发生变化，导致折射的发生。

反射和折射不能用粒子性解释，应用经典粒子理论得到的折射速度不同。在经典波动光学之中能有较好的解释。在利用近代理论解释光的折射和反射过程中，也不能理解为粒子碰撞。实际上可以理解为部分光子透射、部分光子反射。但是如果想问是哪个光子反射、哪个光子折射，实际上是办不到的。因为光子只代表电磁场能量分布，其出现多少代表了电磁场的能量大小。在光入射到物质表面时，部分电磁场能量透射，形成折射光，部分电磁场能量反射，因此在折射和反射方向都能探测到光子。

海市蜃楼是一种光学幻景，是地球上物体反射的光经大气折射而形成的虚像。海市蜃楼简称蜃景，根据物理学原理，海市蜃楼是由于不同的空气层有不同的密度，而光在不同的密度的空气中又有着不同的折射率。也就是因海面上暖空气与高空中冷空气之间的密度不同，对光线折射而产生的。蜃景与地理位置、地球物理条件以及那些地方在特定时间的气象特点有密切联系。气温的反常分布是大多数蜃景形成的气象条件。

## 风雨之后的彩虹是如何形成的

这天下午放学后，菲菲与天天、妞妞几个人一起结伴回家，路上突然狂风大作，顿时倾盆大雨，他们只好找了个小卖部避避雨，不过雨很快就停了，三人有说有笑地往家走。

突然，菲菲惊呼："看，那儿有彩虹，好美啊。"

顺着菲菲指着的方向，天天和妞妞也看到了，他们感叹："好神奇啊。"

菲菲说："是啊，不过彩虹是怎么产生的呢？为何下雨之

后才会出现？”

这里，对于孩子们的疑问，我们要从太阳光的折射问题说起，彩虹是因为阳光射到空中接近圆形的小水滴，造成光的色散及反射而成的。阳光射入水滴时会同时以不同角度入射，在水滴内也是以不同的角度反射。当中以40~42度的反射最为强烈，形成人们所见到的彩虹。

其实只要空气中有水滴，而阳光正在观察者的背后以低角度照射，便可能产生可以观察到的彩虹现象。彩虹最常在下午，雨后刚转天晴时出现。这时空气内尘埃少而充满小水滴，天空的一边因为仍有雨云而较暗。而观察者头上或背后已没有云的遮挡而可见阳光，这样彩虹便会较容易被看到。虹的出现与当时天气变化相联系，一般人们从虹出现在天空中的位置可以推测当时将出现晴天或雨天。东方出现虹时，本地是不大容易下雨的，而西方出现虹时，本地下雨的可能性却很大。

彩虹的明显程度，取决于空气中小水滴的大小，小水滴体积越大，形成的彩虹越鲜亮，小水滴体积越小，形成的彩虹就不明显。一般冬天的气温较低，在空中不容易存在小水滴，下雨的机会也少，所以冬天一般不会有彩虹出现。

事实上如果条件合适的话，可以看到整圈圆形的彩虹（例如峨眉山的佛光）。形成这种反射时，阳光进入水滴，先折射一次，然后在水滴的背面反射，最后离开水滴时再折射一次，最后射向人们的眼睛。

光穿越水滴时弯曲的程度，视光的波长（即颜色）而定——红色光的弯曲度最大，橙色光与黄色光次之，依此类推，弯曲最少的是紫色光。

因为水对光有色散的作用，不同波长的光的折射率有所不同，蓝光的折射角度比红光大。由于光在水滴内被反射，所以观察者看见的光谱是倒过来，红光在最上方，其他颜色在下。

每种颜色各有特定的弯曲角度，阳光中的红色光，折射的角度是42度，蓝色光的折射角度只有40度，所以每种颜色在天空中出现的位置都不同。

若用一条假想线，连接后脑勺和太阳，那么与这条线呈42度夹角的地方，就是红色所在的位置。这些不同的位置勾勒出一个弧。既然蓝色与假想线只呈40度夹角，所以彩虹上的蓝弧总是在红色的下面。

## 物理知识小链接

彩虹其实并不像人们想象的那样是半圆形的，而是一个完整的圆。也就是说，彩虹并没有起点，也没有终点。彩虹的圆心就是太阳与地球的垂直连线的中点，人们看到的彩虹只是彩虹的一部分，而剩余的部分在地平线下，所以人们看不到。这也能够解释，为什么有些彩虹很短，而有些彩虹却是一个完整的半圆。当彩虹呈现完整的半圆时，太阳恰好在地平线上，这时彩虹的圆心正好位于观察者的前方地平线上。当太阳高悬于天空上时，彩虹的圆心位于地平线下，这时人们只能看到很少的一段彩虹。

## 交通信号灯为什么是红、黄、绿三色的呢

红灯亮起了，一群人站在斑马线的一端等绿灯。这时，穿行的车辆少了一点儿，人群中有人等不及了，要闯红灯过马路。

蕾蕾和妈妈也站在斑马线上，妈妈准备穿行，这时，蕾蕾抬起头问："妈妈，你不是说要等绿灯亮起才走吗？你要闯红灯了！"

蕾蕾的话提醒了妈妈，妈妈不好意思地说："蕾蕾，对不起，妈妈错了。"

随后，绿灯亮了，蕾蕾和妈妈才过了马路。

蕾蕾问妈妈："妈妈，交通信号灯为什么是红、黄、绿三色的呢？"

的确，现在，城市的街道上人挤车多，乡村的街道、公路上车辆和行人来往也不少，交通事故常有发生，我们每个人都要了

解和遵守交通规则。

那么，交通信号灯为什么是红、黄、绿三色的呢？

19世纪初，在英国中部的约克城，红、绿装分别代表女性的不同身份。着红装的女人表示已结婚，着绿装的女人则是未婚者。英国伦敦议会大厦前经常发生马车轧人的事故，人们受红绿装启发，红、绿两色的交通信号灯于1868年首先出现在英国的伦敦。当时，这种信号灯使用的是煤气，安装不久就发生了爆炸，结果被禁止使用。直到20世纪初，交通信号灯才在美国重新出现。

黄色信号灯亮时可以通过，因为它只是起到提醒的作用，表示信号灯将发生变化。有时候，红绿灯关闭了，只有黄灯在不停地闪烁，这同样表示可以通过路口，但车辆应降低速度，以保证安全。

黄色信号灯于1918年首先出现在英国伦敦，它减缓了红绿灯

变换的速度，有效地减少了路口的交通事故。

现在的交通信号灯是由计算机来控制的。在路口周围和地下，设置着各种检测装置，记录下各个时段的交通流量，并把这些信息输入计算机。计算机经过测算，就能制定适合实际情况的红绿灯切换频率了。

因为不论是白天还是夜晚，这三个颜色最好识别、最好区分。红色灯的红光穿透力强，可以传的很远，就是阴天下雨，大雾弥漫或刮风下雪的天气也能看得一清二楚。而且红色表示火焰和鲜血，有警示作用。因此，红色用来表示停止，绿色除了易于识别外，它还象征着远山、绿树、河流，给人一种安全感，代表着安全、和平。因此，绿色用来表示通行。黄色是一种暖颜色，很柔和，能给人们一种减缓，放慢的缓冲效果。因此，黄灯具有示意人们请等候的作用。

黄色信号灯的发明者是我国的胡汝鼎，他怀着“科学救国”的抱负到美国深造，在大发明家爱迪生为董事长的美国通用电器公司任职员。一天，他站在繁华的十字路口等待绿灯信号，当他看到绿灯而正要过去时，一辆转弯的汽车呼的一声擦身而过，吓了他一身冷汗。回到宿舍，他反复琢磨，终于想到在红、绿灯中间再加上一个黄色信号灯，提醒人们注意危险。他的建议立即得到有关方面的肯定。于是红、黄、绿三色信号灯即以一个完整的指挥信号灯家族，遍及全世界陆、海、空交通领域。中国最早的马路红绿灯，于1928年出现在上海的英租界。

### 物理知识小链接

光是由红、黄、绿、青、蓝、紫、橙七种光色组成的。这七种光色都有自己的波长，其中红色光波最长，穿透介质的能力也最大，最容易被人们的视觉观察到，同时，红色也易给人们一种危险、警觉的心理反应。所以，就选用红色作为“停止信号”或作为危险信号。黄色光波长仅次于红色，在七色中居第二位，穿透介质的能力也很大，同时也会给人一种警觉的感觉，所以就选用黄色作为“过渡信号”，同时也是提醒人们注意的信号。绿色光波的波长也是较长的，由于它与红色和黄色易区别，对比色强，易于辨认。同时，它易给人一种宁静、安全、舒畅的感觉，因此，被用作允许通行信号，通常也被人们作为安全的信号。

## 厚厚的近视眼镜——凹透镜

林女士的闺女菲菲才小学就戴上了眼镜，一天，在和孩子谈心时，女儿告诉她：“现在有同学在我背后称我为‘四眼妹’，我很想摘掉眼镜。”

林女士告诉女儿：“现在的学生戴眼镜的很多，多半是不好的用眼习惯造成的，你这应该是假性近视，回头我带你去找专业的眼科大夫看看，如果是这样，我们看看医生建议怎么做，好吗？”

“嗯，可是妈妈，眼镜的制作原理是什么？”

“这是你们在中学即将学习的物理中的光学知识，其实，近视眼镜是面凹透镜……”

的确，随着书读的越来越多，眼镜戴的也是越来越厚，一些学生产生疑问，近视眼镜是利用什么原理呢？

透镜是用透明物质制成的表面为球面一部分的光学元件，镜头是由几片透镜组成的，有塑胶透镜（plastic）和玻璃透镜（glass）两种，玻璃透镜比塑胶贵。通常摄像头用的镜头构造有：1P、2P、1G1P、1G2P、2G2P、4G等，透镜越多，成本越高。因此一个品质好的摄像头应该是采用玻璃镜头的，其成像效果要比塑胶镜头好，在天文、军事、交通、医学、艺术等领域发挥着重要作用。

凹透镜亦称为负球透镜，镜片的中央薄，周边厚，呈凹形，

所以又叫凹透镜。凹透镜对光有发散作用。平行光线通过凹球面透镜发生偏折后，光线发散，成为发散光线，不可能形成实性焦点，沿着散开光线的反向延长线，在投射光线的同一侧交于$F$点，形成的是一虚焦点。

凹透镜成像的几何作图与凸透镜原则相同。从物体的顶端亦作两条直线：一条平行于主光轴，经过凹透镜后偏折为发散光线，将此折射光线相反方向返回至主焦点；另一条通过透镜的光学中心点，这两条直线相交于一点，此为物体的像。

凹透镜所成的像总是小于物体的、直立的虚像，凹透镜主要用于矫正近视眼。

那么，我们该如何预防近视呢?

在看不同距离、不同亮度的事物时，人眼有一定的自动调节能力，以使得在各种情况下，照在视网膜上的图像尽量清楚。青少年近视的本质是眼部肌肉的调节功能衰退了，导致远处的光线经过眼的屈光后，焦点落在视网膜前，不能在视网膜上形成清晰的像。可见，要预防近视，就必须避免眼部肌肉过度紧张从而导致其调节功能衰退的现象。那么，如何避免过度用眼的情况呢?

（1）合适的环境光线亮度；在大多数情况下，视力下降和光线不佳（太亮或太暗）有关，特别是在用眼强度很大的学习、工作和生活中环境光线照度不合适。很多时候光线太暗，也有时候是光线太亮。虽然，国际上和中国对于不同室内场合的光线照

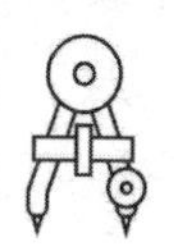

度都制定了严格的标准（如在书房内读/写的照度>300Lux），但对于普通民众而言，这对于保护视力的帮助不是那么直接，因为一般人没有那么多关于环境光线照度（亮度）和人眼视觉的知识。

（2）改善近距用眼姿势。近距离用眼姿势是影响近视眼发生率的另一个因素。近距离用眼时，身体应保持静止状态，坐姿端正，书本放在距眼睛30cm左右的地方。乘车、躺在床上、或伏案歪头阅读等不良习惯都会增加眼的调节负担，增加眼外肌对眼球的压力，尤其是中小学生的眼球正处于发育阶段，长时间的不良用眼姿势容易引起眼球的发育异常，导致近视眼的形成。应端正看书写字的姿势，看书写字的姿势不端正，时间长容易压迫某一边的眼睛，引发假性近视，写字时，光线最好从左前方照到书本，以避免写字时光线被右手挡住。

看电视时注意高度应与视线相平；眼与电视的距离大于荧光屏对角线长的5~6倍，且室内应有一定的背景光。

（3）缩短近距用眼时间。除病理因素外，大部分学生的视力下降是眼睛调节机能的减退。在不佳的环境光线下、长时间近距离用眼，是发生近视、近视加深的主要原因，应尽量避免。通常，近距离用眼时，隔45~50分钟休息10~15分钟。休息时应远眺，此外，如感觉眼睛不适，应立即休息。

（4）增加户外活动。多一些户外的活动/运动，在促进血液循环的同时，眼睛会有更多的远眺时间，还可以帮助放松眼部肌肉/神经，其对视力保护作用不言自明。

（5）减少蓝光辐射。手机、电脑、电视以及数码产品的LED屏幕中有高能蓝光，蓝光是一种穿透力很强的可见光，过长时间照射对人眼有害。正在发育中的青少年要尽量缩短看屏幕的时间，最好在屏幕上贴上防蓝光膜进行防护。

导致近视的原因有多种情况（光线不佳、近距离用眼姿势、时间不适等），万一已经发生了近视，应该尽快分析原因并设法纠正，而不是急着配眼镜，更不该盲目去尝试各种“快速”治疗仪，否则会耽误恢复视力的机会。只有找到并排除近视的诱因，才能真正保护视力。

近视的光学原理：近视者由于眼睛的角膜和晶状体组成的光学系统，对物体图像的聚焦能力很强，眼部透光介质组成的屈光系统屈光能力过高，导致物像焦距被缩短，焦点被拉近，所以图像成像在眼内时没有落在视网膜上，而由于聚焦过度而成像在视网膜前方，所以看近处的东西可以通过拉近距离来看清晰，而看远处会不清晰。

凹透镜对近视眼的作用：凹透镜对光线起发散作用，可以抵消近视眼的过度聚焦特性，使图像成像位置后移到视网膜上。

# 彩色电视机能放出彩色的原理是什么

小安和妈妈一样，没什么别的爱好，就是喜欢看电视，妈妈喜欢看家庭生活剧，而小安喜欢看刑侦剧，比如《福尔摩斯》、动漫《名侦探柯南》等。

这天，母女二人还是和往常一样看电视，小安突然问妈妈："妈妈，以前电视都是黑白的吧？"

"是啊，我们小时候能看到黑白电视机就已经很不错了，哪像现在，不但有彩色的，还有什么曲面的，4K的，现代科技太先进了。"

"那彩色电视机里的各种颜色是怎么来的呢？"

"这个是物理中的三原色……"

提到电视，大家再熟悉不过了，可以说，它是我们最为常见的电器之一。中国第一台电视机在1958年3月17日诞生。当时的天津通信广播电视厂利用国产电子管加上苏联的元器件生产出了第一台北京牌14英寸黑白电视机。12年后，天津通信广播电视厂又制造出了中国的第一台彩色电视机，时间是1970年12月26日。

我们能从电视机中看到多姿多彩的电视节目，那么，彩色电视机呈现出多彩颜色的原理是什么呢？

彩色是光的一种属性，没有光就没有彩色。在光的照射下，人们通过眼睛感觉到各种物体的彩色，这些彩色是人眼特性和物体客观特性的综合效果。彩色电视技术就是根据人眼的视觉特性

来传送和接受彩色图象的。在太阳光的照射下，人们可以看到五彩缤纷的大自然景物。由物理学的光学理论可知，光是一种以电磁波形式存在的物质。凡是能引起人眼视觉反应的电磁波称为可见光，它是波长380~780nm之间的电磁波。人眼不但能辨别彩色光亮度的大小，而且在彩色光强度足够时还能辨别光线的颜色。对于彩色光可以用亮度、色调和色饱和度三个物理量来描述。在彩色电视机中，所谓传输彩色图象，实质上是传输图象的亮度和色度。不同波长的单色光会引起不同的彩色感觉，但相同的彩色感觉却可以来源于不同的光谱成分的组合。人们在进行混色实验时发现：自然界中出现的各种彩色，几乎都可以用某三种单色光以不同比例混合而得到。具有这种特性的三个单色光叫基色光，这三种颜色叫三基色。彩色电视机中使用的三基色是红、绿、蓝三色。主要原因是人眼对这三种颜色的光最敏感，且用红、绿、蓝三色混合相加可配得较多的彩色。三基色原理是对彩色进行分解、混合的重要原理。这一原理为彩色电视技术奠定了基础，极大地简化了用电信号来传送彩色的技术问题。

这三种基色是相互独立的，任何一种基色都不能有其他两种颜色合成。红绿蓝这三种颜色合成的颜色范围最为广泛。红绿蓝三基色按照不同的比例相加合成混色称为相加混色。红色+绿色=黄色，绿色+蓝色=青色，红色+蓝色=品红，红色+绿色+蓝色=白色。彩电成像就是通过电流控制彩管红绿蓝三个电子枪的比例生成自然界各种颜色。

根据三基色原理，我们只需要把要传送的各种彩色分解成红、绿、蓝三个基色，然后再将它们变成三种电信号进行传送。在接受端，用这三种电信号分别能发红、绿、蓝三色光的彩色显象管，就能重显原来的彩色图象。现在我们所用的彩电，走近看屏幕，你会发现彩色图象是由很多红绿蓝三点构成，这是利用人眼空间细节分辨力差的特点，将三种基色光分别投射在同一表面的红绿蓝三个荧光粉上，因点距很小，人眼就会产生三基色光混合后的彩色感觉。这就是空间相加混色法。

## 物理知识小链接

彩电色彩是利用三基色成像原理形成。红绿蓝是三基色，通过棱镜的试验，白光通过棱镜后被分解成多种颜色逐渐过渡的色谱，颜色依次为红、橙、黄、绿、青、蓝、紫，这就是可见光谱。其中人眼对红、绿、蓝最为敏感，人的眼睛就像一个三色接收器的体系，大多数的颜色可以通过红、绿、蓝三色按照不同的比例合成产生。同样绝大多数单色光也可以分解成红绿蓝三种色光。这是色度学的最基本原理，即三基色原理。

# 第7章

# 电光四射，学习奇妙的电学

日常生活中，电每天都在伴随着我们的生活，可以说，如果没有电，我们的生活将无法想象。然而，生活中的小朋友们，你知道什么是电吗？人体为什么能导电？秋冬天头发静电又是怎么回事？我们每天在看的电视又是如何传输信号的……接下来，就让我们带着这些问题进入本章的学习中。

## 什么是电

这天上午，玲玲和妈妈在家，听到外面警车声轰鸣，她推开窗一看，原来是隔壁小区着火了，消防员正火速赶往呢，幸亏火势不大，很快就扑灭了。

玲玲妈想下楼看看，正巧碰到从外面回来的女儿。

玲玲：“妈妈，着火了着火了。”

妈妈：“哎呀，你慢点，不是已经扑灭了吗？”

玲玲：“是啊，我就是从那边赶过来的。”

妈妈：“什么情况啊？”

玲玲：“好像是那家的电热水器短路了，然后引起了火灾。幸亏消防员来得快。”

妈妈：“是啊，电虽然为我们的生活带来了便捷，但也确实挺危险的，还是要小心用电啊。”

玲玲：“嗯，妈妈，那什么是电呢？”

电是一种自然现象，指电荷运动所带来的现象。自然界的闪电就是电的一种现象。电是像电子和质子这样的亚原子粒子之间产生的排斥力和吸引力的一种属性。它是自然界四种基本相互作用之一。电子运动现象有两种：我们把缺少电子的原子说为带正电荷，有多余电子的原子说为带负电荷。

在对电形成具体认知的很多年前，人们就已经知道发电鱼（Electric Fish）会发出电击。根据公元前2750年撰写的古埃及书籍，这些鱼被称为“尼罗河的雷使者”，是所有其他鱼的保护者。大约两千五百年之后，希腊人、罗马人、阿拉伯自然学者和阿拉伯医学者，才又出现关于发电鱼的记载。古罗马医生Scribonius Largus也在他的大作《Compositiones Medicae》中，建议患有像痛风或头疼一类病痛的病人，去触摸电鳐，也许强力的电击会治愈他们的疾病。

阿拉伯人可能是最先了解闪电本质的族群。他们也可能比其他族群都先认出电的其他来源。早于15世纪以前，阿拉伯人就创建了“闪电”的阿拉伯字“raad”，并将这字用来称呼电鳐。

在地中海区域的古老文化里，很早就有文字记载，将琥珀棒与猫毛摩擦后，会吸引羽毛一类的物质。公元前600年左右，古希腊的哲学家泰勒斯（Thales，640–546B.C.）做了一系列关于静电的观察。从这些观察中，他认为摩擦使琥珀变得磁性化。这与矿石像磁铁矿的性质迥然不同，磁铁矿天然地具有磁性。泰勒斯的见解并不正确。但后来，科学证实了磁与电之间的密切关系。

近代，到了18世纪时，西方开始探索电的种种现象。

1732年，美国的科学家富兰克林（Benjamin Franklin,1706—1790）认为电是一种没有重量的流体，存在于所有物体中。当物体得到比正常份量多的电就称为带正电；若少于正常份量，就被称为带负电，所谓“放电”就是正电流向负电的过程（人为规定的），这个理论并不完全正确，但是正电、负电两种名称则被保留下来。此时期有关“电”的观念是物质上的主张。富兰克林做了多次实验，并首次提出了电流的概念。富兰克林的这一说法，在当时确实能够比较圆满地解释一些电的现象，但对于电的本质的认识与我们的“两个物体互相磨擦时，容易移动的恰恰是带负电的电子”的看法却是相反。

富兰克林让别人做了多次实验，进一步揭示了电的性质，并提出了电流这一术语。富兰克林对电学的另一重大贡献，就是通过设计1752年著名的风筝实验，“捕捉天电”，证明天空的闪电和地面上的电是一回事。科学家用金属丝把一个很大的风筝放到云层里去。金属丝的下端接了一段绳子，另在金属丝上还挂了一串钥匙。当时富兰克林一手拉住绳子，用另一手轻轻触及钥匙。于是科学家立即感到一阵猛烈的冲击（电击），同时还看到手指和钥匙之间产生了小火花。而且科学家的手被弹开了，这个实验表明：被雨水湿透了的风筝的金属线变成了导体，把空中闪电的电荷引到手指与钥匙之间。这在当时是一件轰动一时的大事。一年后富兰克林总结制造出了世界上第一个避雷针。

电流现象的研究，对于人们深入研究电学和电磁现象有着重要的意义。

电的发现和应用极大地节省了人类的体力劳动和脑力劳动，

使人类的力量长上了翅膀，使人类的信息触角不断延伸。电对人类生活的影响有两方面：能量的获取转化和传输，电子信息技术的基础。电的发现可以说是人类历史的革命，由它产生的动能每天都在源源不断地释放，人对电的需求夸张地说其作用不亚于人类世界的氧气，如果没有电，人类的文明还会在黑暗中探索。

现代的电力供应由于常规能源的日益减少而出现了供应危机，世界各国均以新能源作为发展方向，主要推广的有风能、太阳能、地热能等，随着技术的进步，电力供应的常规能源消耗将被取代！人类的生活环境会得到改善！

### 物理知识小链接

电是个一般术语，是静止或移动的电荷所产生的物理现象。在大自然里，电的机制产生了很多众所熟知的效应，例如闪电、摩擦起电、静电感应、电磁感应等。

## 人体为什么会触电

妞妞和妈妈一起看本地新闻。

有一则新闻是：一个农民在给农田灌溉时，触电而亡。

妈妈长叹了一口气："哎，生命真是脆弱啊，一条鲜活的生命，说没就没了，人在意外面前，真是很无力。"

妞妞说："电的危害怎么这么大，人体为什么会触电呢？"

这里，对于妞妞的问题，我们要从人体的导电方面谈起。

在人体组织中，有60%以上是由含有导电物质的水分组成，因此，人体是个导体，当人体接触设备的带电部分并形成电流通路的时候，就会有电流流过人体，从而造成触电。触电时电流对人身造成的伤害程度与电流流过人体的电流强度、持续的时间、电流频率、电压大小及流经人体的途径等多种因素有关。

人体为什么会导电？因为人体中含有大量的水分子以及金属粒子，尤其是血液中铁元素含量最多。另外还包含了许多其他微量的金属和非金属物质粒子。也可以这样说，人体主要是由碳水化合物组成的大化学分子有机体。如果人体接近电场的两个正负端点时，人体中的导电粒子就会在电场力的作用下形成电子流。

我们知道，金属元素的原子最外层电子会受到电场力的激发作用而脱离原子核的电场束缚而溢出轨道，也就形成了电子的游离态。此时，失去电子的核外电子轨道就会出现空穴，因为电场的正端呈现为正电位，电子呈现为负电荷，所以电子就会向正电位端移动。在电场作用下，电子的溢出和电子轨道的空穴是连续产生的，而其他溢出的电子则会在原子核电场力的引力下前来补穴，补穴后又会受电场的激发而继续出现空穴。这样，也就同等于原子的空穴在移动，电子在不断溢出，又不断地形成空穴。在我们的物理教科书中，已经讲明了导体的导电是由于原子的空穴移动形成的电子流。简单说来，导体中的电子流就是由金属原子核外层电子的漂移而形成的空穴移位。电子的漂移方向为正电位端，而原子中的空穴再由下一个原子中的电子来补穴，也形同于原子的空穴在向电场的负端移动，这也是电工学中所表述导电回路中的电流流动。

人体中的电流运动方式较为复杂，因为人体不是纯导电体，身体中的水分子一般来讲不参加导电，但在高电场的作用下也会激发水分子成为电离子而导电，对于一般电场来说，只有水中的杂质和金属部分参与导电，所以人体导电就会破坏人体细胞的分子结构。不论是金属导电还是生物细胞导电都会产生电子移动中的能量释放，电子在流动过程中的能量释放则会以热作用形式表现出来。当金属导体中的电子流在移动时导体会发热。而人体细胞和植物细胞被电场施加电场力形成电子流后会破坏原细胞中的化学分子结构出现细胞在热作用下的死亡状态。上述已经讲过关于导体中原子的核外电子受激发溢出以及电子的空穴补位问题，在金属原子的核外电子溢出和电子补穴过程中会释放出一定的能量，并以热辐射的形式通过金属的表面向空间散发。

如果通过人体的电流小于其细胞所承载的强度时，人体细胞只会将这种状态传递给大脑，使人感觉到一阵痉挛或麻嗖嗖的触电感，此时并不会伤害到人体细胞。人体在一般的情况下，可承受20毫安以下的交变电流和50毫安以下的直流电。如果触电的持续时间过长，即使是电流小到8毫安左右，也可使人死亡，即便是生命没有受到死亡的威胁，但也会导致人体和脑部的的重创从而留下永不恢复的后遗症。我们人体的电阻一般是在一千欧姆左右，行业规定交流安全电压的上限为42伏特，直流的电压上限为72伏特。当人体被电击后会形成三种伤害，其一是身体中电子流动的热作用，其二是电子的流动会破坏细胞的化学分子结构而形成化学性伤害，其三是由于电子流动形成的磁场对细胞分子产生机械震荡式损伤，另外也包括人体与其他物体的撞击等非安全性的伤害因素。

人体一旦遇到强电流通过或人体细胞中的导电元素全部参与导电时，其身体中的大化学分子就会彻底地解体而致使生命终结。这种状态会出现在超过安全电压的情况下，电压越高对人体细胞的伤害作用越大，当电压在数万伏特以上或者是在数亿伏特的雷电场中，人体的细胞会完全地被碳化。我们每年都会看到有人被电击伤或被电击死，尤其是高压输电网络和夏季的雷电最危险。由于超高压和强电荷的作用，不只是我们人类面临的灾难问题，就连人类高大的建筑物和树木植物类都难以逃脱强电场力给它们带来的毁灭。

如果遇到触电情况，要沉着冷静、迅速果断地采取应急措施。针对不同的伤情，采取相应的急救方法，争分夺秒地抢救，直到医护人员到来。以下几点需要注意：

（1）如开关箱在附近，可立即拉下闸刀或拔掉插头，断开电源。

（2）如距离闸刀较远，应迅速用绝缘良好的电工钳或有干燥木柄的利器（刀、斧、锹等）砍断电线，或用干燥的木棒、竹竿、硬塑料管等物迅速将电线拨离触电者。

（3）若现场无任何合适的绝缘物（如橡胶，尼龙，木头等），救护人员亦可用几层干燥的衣服将手包裹好，站在干燥的木板上，拉触电者的衣服，使其脱离电源。

（4）对高压触电，应立即通知有关部门停电，或迅速拉下开关，或由有经验的人采取特殊措施切断电源。

### 物理知识小链接

触电急救的要点是动作迅速，救护得法。发现有人触电，首先要使触电者尽快脱离电源，然后根据具体情况，进行相应的救治。

## 头发静电，是什么原理

一大清早，爱美的宁宁就起来梳头了。

一会儿，妈妈听到宁宁叫喊道："哎哟。"

“怎么了。”

“被电到了，疼死我了。”

“这是头发静电了。天气太干了。”妈妈说。

“静电？什么是静电？”

在干燥和多风的秋天，人们常常会碰到这种现象：晚上脱衣服睡觉时，黑暗中常听到噼啪的声响，而且伴有蓝光；见面握手时，手指刚一接触到对方，会突然感到指尖针刺般刺痛，令人大惊失色；早上起来梳头时，头发会经常“飘”起来，越理越乱；拉门把手、开水龙头时都会“触电”，时常发出“啪、啪”的声响，这就是发生在人体的静电。静电，是一种处于静止状态的电荷。那么，静电是怎样产生的呢？

任何物质都是由原子组合而成，而原子的基本结构为质子、中子及电子。

将质子定义为正电，中子不带电，电子带负电。在正常状况下，一个原子的质子数与电子数量相同，正负电平衡，所以对外表现出不带电的现象。但是由于外界作用如摩擦或以各种能量如动能、位能、热能、化学能等的形式作用会使原子的正负电不平衡。在日常生活中所说的摩擦实质上就是一种不断接触与分离的过程。

有些情况下不摩擦也能产生静电，如感应静电起电，热电和压电起电、亥姆霍兹层、喷射起电等。任何两个不同材质的物体只要接触后分离就能产生静电，流动的空气当然也能产生静电。

为什么流动空气会产生静电呢？因为空气也是由原子组合而成，所以可以这么说，在人们生活的任何时间、任何地点都有可能产生静电。

要完全消除静电几乎不可能，但可以采取一些措施控制静电使其不产生危害。另外，静电还有一些作用，比如可以用来除尘、静电喷涂、静电植绒、静电复印等。

以下是秋冬季防静电的几点小妙招：

一般冬季空气的相对湿度低于30%时，有利于摩擦产生静电。室内要保持一定的湿度。除了经常通风换气外，可以用加湿器或者放些盆栽花草；尽可能避免使用化纤的地毯、窗帘和塑料质地的饰物。

在摸门、水龙头之前洗个手或者用手摸一下墙壁，将体内静电“放”出去。

为避免静电击打，可用小金属器件（如钥匙）、棉抹布等先碰触大门、门把、水龙头、椅背、床栏等消除静电，再用手触及。

尽量少穿化纤类衣物，穿全棉的内衣。小提示：内衣是与人皮肤直接接触的衣物，不管是不是因为静电，还是穿质量好些的内衣较好。

当关上电视，离开电脑以后，应该马上洗手洗脸，让皮肤表面上的静电荷在水中释放掉。在冬天，要尽量选用高保湿的化妆品。勤洗澡、勤换衣服，能有效消除人体表面积聚的静电。

多饮水，同时补充钙质和维生素C，减轻静电给人带来的影响。在饮食方面,可适当增加含维生素C、维生素A、维生素E的摄取，如胡萝卜、卷心菜、西红柿以及香蕉、苹果、猕猴桃等含有大量的维生素C的水果，带鱼、甲鱼可增加皮肤的弹性和保湿性，具有良好的除静电功能。

平时随身带一个硬币或者金属钥匙，使用电脑前，手拿硬币或钥匙与水管或暖气片接触一下，可将身上静电放掉。

避免长时间待在室内和电脑云集的工作间内，要适当到户外活动。看电视或用电脑后要及时清洗双手和面部，让皮肤表面上的静电荷在水中释放掉。

静电是一种客观的自然现象，产生的方式多种，如接触、摩擦等。静电的特点是高电压、低电量、小电流和作用时间短的特点。人体自身的动作或与其他物体的接触，分离，摩擦或感应等因素，可以产生几千伏甚至上万伏的静电。

## 如何区分零火线

中秋节这天晚上，亮亮全家正在吃晚饭，突然停电了，后来去其他邻居家问了才知道，原来是他们家的电路坏了。亮亮爸爸准备自己动手看看是哪里的故障，然而，他遇到了个难题，他分不清开关处的零火线。”

这时候爷爷走过来说：“我来吧，我以前还当过一段时间电工，零火线还是知道的。”爸爸只好让爷爷试试，不到一会儿，家里就“重现光明”了。

照明电路里的两根电线，一根叫火线，另一根叫零线。火线和零线的区别在于它们对地的电压不同：火线对地电压为220V；零线的对地电压等于零（它本身跟大地相连接在一起的）。所以当人的一部分碰上了火线，另一部分站在地上，人的这两个部分之间的电压等于220V，就有触电的危险了。反之人即使用手去抓零线，如果人是站在地上的话，由于零线的对地电压等于零，所以人的身体各部分之间的电压等于零，人就没有触电的危险。

如果火线和零线一旦碰起来，由于两者之间的电压等于220V而两接触点间的电阻几乎等于零，这时的电流非常大，在火线和零线的接触点处将产生巨大的热量，从而发出电火花，火花处的温度高到足以把金属导线烧得熔化。

接地是电器设备安全技术中最重要的工作，应该认真对待。那种不加考虑随意接地的做法常常会给计算机设备造成不良的后果，严重时会烧毁整个设备应用系统，甚至造成人身伤害。正确接地可提高整个系统的抗干扰能力。

要正确使用计算机的电源线。我们使用的电源插座大多是单相三线插座或单相二线插座。单相三线插座中，中间为接地线，也作定位用，另外两端分别接火线和零线，接线顺序是左零右火，即左边为零线，右边为火线。凡外壳是金属的家用电器都采用的是单相三线制电源插头。三个插头呈正三角形排列，其中上面最长最粗的铜制插头就是地线。地线下面两个分别是火线（标志字母为“L”Live Wire）、零线（标志字母为“N”Neutral wire），顺序是左火右零（插头正面面对着自己本人时）。

使用中千万不要将零线端和定位用的地线端连在一起，因为有的设备采用二线插头，如果设备的电源火线、零线接反或使用中插错位置，必将造成火线、零线短路，烧坏设备，造成不可弥补的损失。因此，即使家里或单位的三线插座中没有接地，也最好使用三线电源插头和三线插座。

那么，如何区分零火线呢？

（1）用颜色区分：在动力电缆中黄色绿色红色分别代表A相B相C相（三相火线），蓝色代表零线，黄绿双色代表接地线。

（2）用电笔区分：火线用电笔测试时氖管会发光，而零线则不会。

（3）用电压表区分：不同相线（即火线）之间的电压为线电压380V，相线（火线）与零线（或良好的接地体）之间的电压为相电压220V，零线与良好的接地体的电压为0。入户的电路开关一般是将火线切断，并装有漏电保护器，以防人身触电事故发生。

一般情况下，地线不会漏电，而常见的有：两孔，三孔两种插座。一般情况下：在两孔中，左孔连的是零线，右孔连的是火线。而在三孔的插座中，上孔连的是地线，左孔是零线，右孔是火线。

### 物理知识小链接

零线火线，专指：民用电的供电线路，市电的交流供电电压为220伏特（V）（不同的国家不一样，中国是220V）。它包括一根零线（N）和一根火线（L），零线接地（地为零）所以称为零线。

火线，就是电路中输送电的电源线。

零线，主要应用于工作回路，从变压器中性点接地后引出主干线（可以使用试电笔来判断哪一条是火线）。从颜色上来看，我们普遍用红色表示L，英文简写L（LIVE）线，也就是火线；蓝色代表N（NEUTRAL）线，也就是零线；黄绿相间（俗称花线）表示地线（E线）。

## 电视信号是怎样发射、接收的

小安和妈妈在谈完彩色电视的色彩知识后，小安对电视开始产生了浓厚的兴趣。

小安继续问：“妈妈，电视剧都是电视演员或明星演的对吧？”

“当然。”

“那电视台是怎么将信号传输到我们的电视中的呢？”

“这个嘛，应该是电磁波的作用吧，至于具体怎么传输的，我还得搜搜资料……”

的确，和故事中的小安一样，我们经常都看电视，但电视信号是怎么传输的，可能你并未曾想过。

卫星电视是通过接收人造卫星转播过来的电视信号节目的电视的一种称呼。卫星电视节目信号通过地面天线接收机输入到高频头进行放大变频，将C波段或KU波段信号变换成950~2150MHZ频率的信号。该信号被送入调谐器，在调谐器中进行再放大及二次变频处理，输出36MHZ中频信号。该信号经QPSK（四相相移键控）解调器解出I、Q模拟基带信号，I、Q模

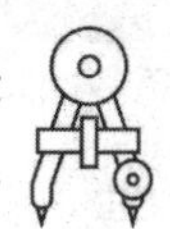

拟基带信号经过模拟数字（A/D）变换及QPSK解码、前向纠错（FEC）等处理，输出字节数为8比特的MPEG—2数据流。解复用器完成MPEG—2数据解包作用，分解出音、视频同步控制及其他数据信息。MPEG—2解码器则完成音视频解压缩、解码等功能，将各种数据信息还原成完整的图像和伴音信号，再经视频编码器，音频D/A变换，输出电视机所需要的模拟音、视频信号。

成功发射与否取决于电离层的状况，因为波具有粒子性，电离层的不稳定会干扰波的传送，一般情况下稳定。

电场和磁场的交互变化产生电磁波，电磁波向空中发射或泄漏的现象叫电磁辐射。任何带电体周围都存在着电场，周期变化的电场就会产生周期变化的磁场，就存在电磁波，产生电磁辐射。所以电磁辐射当然存在。

接下来，我们谈谈什么是电磁波。

电磁波，是由同相且互相垂直的电场与磁场在空间中衍生发射的震荡粒子波，是以波动的形式传播的电磁场，具有波粒二象性。电磁波是由同相振荡且互相垂直的电场与磁场在空间中以波的形式移动，其传播方向垂直于电场与磁场构成的平面。电磁波在真空中速率固定，速度为光速（见麦克斯韦方程组）。

电磁波伴随的电场方向，磁场方向，传播方向三者互相垂直，因此电磁波是横波。当其能阶跃迁过辐射临界点，便以光的形式向外辐射，此阶段波体为光子，太阳光是电磁波的一种可见的辐射形态，电磁波不依靠介质传播，在真空中的传播速度等同于光速。电磁辐射由低频率到高频率，主要分为：无线电波、微波、红外线、可见光、紫外线、X射线和伽马射线。人眼可接收到的电磁波，称为可见光（波长380~780nm）。电磁辐射量与温度有关，通常高于绝对零度的物质或粒子都有电磁辐射，温度越高辐射量越大，但大多不能被肉眼观察到。

频率是电磁波的重要特性。按照频率的顺序把这些电磁波排列起来，就是电磁波谱。如果把每个波段的频率由低至高依次排列的话，它们是无线电波、微波、红外线、可见光、紫外线、X射线及γ射线。

通常意义上所指有电磁辐射特性的电磁波是指无线电波、微波、红外线、可见光、紫外线。而X射线及γ射线通常被认为是放射性辐射特性的。

无线电广播与电视都是利用电磁波来进行的。在无线电广播中，人们先将声音信号转变为电信号，然后将这些信号由高频振荡的电磁波带着向周围空间传播。而在另一地点，人们利用接收机接收到这些电磁波后，又将其中的电信号还原成声音信号，这就是无线广播的大致过程。而在电视中，除了要像无线广播中那样处理声音信号外，还要将图像的光信号转变为电信号，然后也将这两种信号一起由高频振荡的电磁波带着向周围空间传播，而电视接收机接收到这些电磁波后又将其中的电信号还原成声音信号和光信号，从而显示出电视的画面和喇叭里的声音。

电磁波的电场（或磁场）随时间变化，具有周期性。在一个

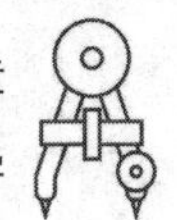

振荡周期中传播的距离叫波长。振荡周期的倒数，即每秒钟振动（变化）的次数称频率。

很显然，波长与频率的乘积就是每秒钟传播的距离，即波速。令波长为$\lambda$，频率为$f$，速度为$V$，得：$\lambda=V/f$，波长$\lambda$的单位是米（m），速度的单位是米/秒（m/sec），频率的单位为赫兹（Hertz，Hz）。整个电磁频谱，包含从电波到宇宙射线的各种波、光和射线的集合。不同频率段落分别命名为无线电波（3KHz—3000GHz）、红外线、可见光、紫外线、X射线、γ射线（伽马射线）和宇宙射线。在19世纪末，意大利人马可尼和俄国人波波夫同在1895年进行了无线电通信试验。在此后的100年间，从3KHz直到3000GHz频谱被认识、开发和逐步利用。根据不同的传播特性，不同的使用业务，对整个无线电频谱进行划分，共分9段：甚低频（VLF）、低频（LF）、中频（MF）、高频（HF）、甚高频（VHF）、特高频（uHF）、超高频（sHF）、极高频（EHF）和至高频，对应的波段从甚（超）长波、长波、中波、短波、米波、分米波、厘米波、毫米波和丝米波（后4种统称为微波）。

电磁波是电磁场的一种运动形态。电与磁可说是一体两面，变化的电场会产生磁场（即电流会产生磁场），变化的磁场则会

产生电场。变化的电场和变化的磁场构成了一个不可分离的统一的场，这就是电磁场。而变化的电磁场在空间的传播形成了电磁波，电磁的变动就如同微风轻拂水面产生水波一般，因此被称为电磁波，也常被称为电波。

## 吸铁石为何能吸住铁

这天，妈妈在厨房做饭，小军溜了进来，他不知道从哪弄来个吸铁石，一会儿吸一吸菜刀，一会儿吸一吸剪刀。妈妈说："你这孩子，干啥呢？"

"好玩儿呀，我从爸爸书房拿来的，这东西真的挺神奇的，不知道是什么原理，好像什么都能吸起来。"

"哈哈，这是吸铁石呀，也并不是什么都能吸起来的，不信你试试这茶杯。只有铁的才行呢。"

吸铁石之所以能吸铁，是因为吸铁石有磁性，磁铁吸引铁、钴、镍等物质的性质称为磁性。磁铁两端磁性强的区域称为磁极，一端为北极（N极），一端为南极（S极）。实验证明，同性磁极相互排斥，异性磁极相互吸引。

铁中有许多具有两个异性磁极的原磁体，在无外磁场作用时，这些原磁体排列紊乱，它们的磁性相互抵消，对外不显示磁性。当把铁靠近磁铁时，这些原磁体在磁铁的作用下，整齐地排列起来，使靠近磁铁的一端具有与磁铁极性相反的极性而相互吸引。这说明铁中由于原磁体的存在能够被磁铁所磁化。而铜、铝等金属是没有原磁体结构的，所以不能被磁铁所吸引。

什么是磁性？简单说来，磁性是物质放在不均匀的磁场中会受到磁力的作用。在相同的不均匀磁场中，由单位质量的物质所受到的磁力方向和强度，来确定物质磁性的强弱。因为任何物质都具有磁性，所以任何物质在不均匀磁场中都会受到磁力的作用。

在磁极周围的空间中真正存在的不是磁力线，而是一种场，我们称为磁场。磁性物质的相互吸引就是通过磁场进行的。我们知道，物质之间存在万有引力，它是一种引力场。磁场与之类似，是一种布满磁极周围空间的场。磁场的强弱可以用假想的磁力线数量来表示，磁力线密的地方磁场强，磁力线疏的地方磁场弱。单位截面上穿过的磁力线数目称为磁通量密度。

运动的带电粒子在磁场中会受到一种称为洛仑兹（Lorentz）力作用。由同样带电粒子在不同磁场中所受到洛仑磁力的大小来确定磁场强度的高低。

特斯拉是磁通密度的国际单位制单位。磁通密度是描述磁场的基本物理量，而磁场强度是描述磁场的辅助量。特斯拉（Tesla，1856—1943）

是克罗地亚裔美国电机工程师，曾发明变压器和交流电动机。

物质的磁性不但是普遍存在的，而且是多种多样的，并因此得到广泛的研究和应用。近自我们的身体和周边的物质，远至各种星体和星际中的物质，微观世界的原子、原子核和基本粒子，宏观世界的各种材料，都具有这样或那样的磁性。

世界上的物质究竟有多少种磁性呢？一般说来，物质的磁性可以分为弱磁性和强磁性，再根据磁性的不同特点，弱磁性又分为抗磁性、顺磁性和反铁磁性，强磁性又分为铁磁性和亚铁磁性。这些都是宏观物质的原子中的电子产生的磁性，原子中的原子核也具有磁性，称为核磁性。但是核磁性只有电子磁性的约千分之一或更低，故一般讲物质磁性和原子磁性都主要考虑原子中的电子磁性。原子核的磁性很低是由于原子核的质量远高于电子的质量，而且原子核磁性在一定条件下仍有着重要的应用，例如现在医学上应用的核磁共振成像（也常称磁共振CT，CT是计算机化层析成像的英文名词的缩写），便是应用氢原子核的磁性。

## 物理知识小链接

磁共振检查是医学检查的一种方法，也是医学影像学的一场革命，生物体组织能被电磁波谱中的短波成分如X射线等穿透，但能阻挡中波成分如紫外线、红外线及长波。

人体组织允许磁共振产生的长波成分如无线电波穿过，这是磁共振应用于临床的基本条件之一。

## 电磁炉的工作原理是什么

转眼，天气转凉了、冬天到了。冬天是吃火锅的季节，这不，玲玲妈妈最近买了个电磁炉，用来涮火锅，这可把玲玲高兴坏了，火锅一直是她的最爱。

周五晚上，因为第二天不用上班、上学，妈妈和玲玲一起购买了很多火锅食材，三下五除二，诱人的火锅就做好了。

吃饭的时候，看着新买的电磁炉，玲玲心生好奇，问："妈妈，电磁炉没有明火，是怎么煮食物的呢？"

"这就是电磁的作用了呀……"

生活中，我们经常使用到电磁炉这一产品，电磁炉又名电磁灶，是现代厨房革命的产物，它无需明火或传导式加热而让热直接在锅底产生，因此热效率得到了极大的提高。电磁炉是一种高效节能厨具，完全区别于传统所有的有火或无火传导加热厨具。电磁炉是利用电磁感应加热原理制成的电气烹饪器具。它由高频感应加热线圈（即励磁线圈）、高频电力转换装置、控制器及铁磁材料锅底炊具等部分组成。

使用时，加热线圈中通入交变电流，线圈周围便产生一交变磁场，交变磁场的磁力线大部分通过金属锅体，在锅底中产生大量涡流，从而产生烹饪所需的热。在加热过程中没有明火，因此安全、卫生。它打破了传统的明火烹调方式，采用磁场感应电流（又称为涡流）的加热原理。电磁炉是通过电子线路板组成部分产生交变磁场，当把含铁质锅具底部放置炉面时，锅具即切割交变磁力线而在锅具底部金属部分产生交变的电流（即涡流），涡流使锅具底部铁质材料中的自由电子呈漩涡状交变运动，通过电流的焦耳热（$P=I^{\wedge}2*R$）使锅底发热（故：电磁炉煮食的热源来自于锅具底部而不是电磁炉本身发热传导给锅具，所以热效率要比所有炊具的效率均高出近1倍），使器具本身自行高速发热，用来加热和烹饪食物，从而达到煮食的目的。具有升温快、热效率高、无明火、无烟尘、无有害气体、对周围环境不产生热辐射、体积小巧、安全性好和外观美观等优点，能完成家庭的绝大多数烹饪任务。因此，在电磁炉较普及的一些国家里，人们誉之为“烹饪之神”和“绿色炉具”。

由于电磁炉是由锅底直接感应磁场产生涡流来产生热量的，

因此应选用符合电磁炉设计负荷要求的铁质（不锈钢）炊具，其他材质的炊具由于材料电阻率过大或过小，会造成电磁炉负荷异常而启动自动保护，不能正常工作。同时由于铁对磁场的吸收充分、屏蔽效果也非常好，这样减少了很多的磁辐射，所以铁锅比其他任何材质的炊具也都更加安全。此外，铁是对人体健康有益的物质，也是人体长期需要摄取的必要元素。

那么，电磁炉的工作过程是怎样的呢?

当一个回路线圈通予电流时，其效果相当于磁铁棒。因此线圈面有磁场N－S极的产生，亦即有磁通量穿越。若所使用的电源为交流电，线圈的磁极和穿越回路面的磁通量都会产生变化。

当有一导磁性金属面放置于回路线圈上方时，此时金属面就会感应电流（即涡流），涡流使锅具铁原子高速无规则运动，原子互相碰撞、摩擦而产生热能。

感应的电流越大则所产生的热量就越高，煮熟食物所需的时间就越短。要使感应电流越大，则穿越金属面的磁通变化量也就要越大，当然磁场强度也就要越强。这样一来，原先通过交流电的线圈就需要越多匝数缠绕在一起。因为使用高强度的磁场感应，所以炉面没有电流产生，因此在烹煮食物时炉面不会产生高温，现在非山寨版的电磁炉炉面都是使用了能耐高温的黑晶板，是一种相对安全的烹煮器具。在使用过程中，因为黑晶板会与锅具接触，会局部产生高温，所以在加热后的一段时间里，不要触摸炉面，以防烫伤。

### 物理知识小链接

1957年第一台家用电磁炉诞生于德国。1972年，美国开始生产电磁炉，20世纪80年代初电磁炉在欧美及日本开始热销。电磁炉的原理是磁场感应涡流加热。即利用电流通过线圈产生磁场，当磁场内磁力线通过铁质锅的底部时，磁力线被切割，从而产生无数小涡流，使铁质锅自身的铁原子高速旋转并产生碰撞摩擦生热而直接加热于锅内的食物。

## 电池的工作原理是什么

周末这天上午，丹丹在房间上网，突然她说：“妈，家里有电池没？”

“怎么了？”妈妈走过来问。

“无线鼠标电池没电了。”

妈妈移动了下鼠标，确实是没电了。

“你等会儿，我给你爸打个电话，他还在路上，我让他带几节电池回来。”

“嗯，行。”丹丹一边应着，一边还在使劲地晃动鼠标。然后继续说：“妈，这电池的工作原理是什么啊，电是怎么被储存进去的呢？”

这里，对于丹丹的问题，我们要先了解什么是电池。

电池（Battery）指盛有电解质溶液和金属电极以产生电流的杯、槽或其他容器或复合容器的部分空间，能将化学能转化成电能的装置，具有正极、负极之分。随着科技的进步，电池泛指能产生电能的小型装置，如太阳能电池。电池的性能参数主要有电动势、容量、比能量和电阻。利用电池作为能量来源，可以得到具有稳定电压，稳定电流，长时间稳定供电，受外界影响很小的电流，并且电池结构简单，携带方便，充放电操作简便易行，不受外界气候和温度的影响，性能稳定可靠，在现代社会生活中的各个方面发挥很大作用。

在化学电池中，化学能直接转变为电能是靠电池内部自发进行氧化、还原等化学反应的结果，这种反应分别在两个电极上进行。负极活性物质由电位较负并在电解质中稳定的还原剂组成，如锌、镉、铅等活泼金属和氢或碳氢化合物等。正极活性物质由电位较正并在电解质中稳定的氧化剂组成，如二氧化锰、二氧化铅、氧化镍等金属氧化物，氧或空气，卤素及其盐类，含氧酸及其盐类等。电解质则是具有良好离子导电性的材料，如酸、碱、盐的水溶液，有机或无机非水溶液，熔融盐或固体电解质等。当外电路断开时，两极之间虽然有电位差（开路电压），但没有电流，存储在电池中的化学能并不转换为电能。当外电路闭合时，在两电极电位差的作用下即有电流流过外电路。同时在电池内部，由于电解质中不存在自由电子，电荷的传递必然伴随两极活性物质与电解质界面的氧化或还原反应，以及反应物和反应产物的物质迁移。电荷在电解质中的传递也要由离子的迁移来完成。

因此，电池内部正常的电荷传递和物质传递过程是保证正常输出电能的必要条件。充电时，电池内部的传电和传质过程的方向恰与放电相反；电极反应必须是可逆的，才能保证反方向传质与传电过程的正常进行。因此，电极反应可逆是构成蓄电池的必要条件。实际上，当电流流过电极时，电极电势都要偏离热力学平衡的电极电势，这种现象称为极化。电流密度（单位电极面积上通过的电流）越大，极化越严重。极化现象是造成电池能量损失的重要原因之一。极化的原因有三：①由电池中各部分电阻造成的极化称为欧姆极化；②由电极－电解质界面层中电荷传递过程的阻滞造成的极化称为活化极化；③由电极－电解质界面层中传质过程迟缓而造成的极化称为浓差极化。减小极化的方法是增大电极反应面积、减小电流密度、提高反应温度以及改善电极表面的催化活性。

电池的环保问题一直被人们探讨，废旧电池的环境污染的确让人触目惊心，近年来，回收废旧电池送交有关机构集中处理一直被作为环保行动大力提倡，但是收集来的废旧电池如何处理却成为难题。北京、上海、石家庄等城市的回收机构都集中了100吨以上的废旧电池，而现有技术无法对这些废旧电池进行处理。王敬忠认为，解决废旧电池污染问题的根本方法是实现一次性电池生产的无汞化。

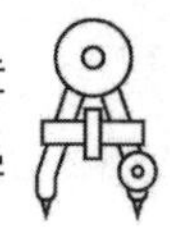

据环保专家介绍，在废电池中每回收1000克金属，其中就有82克汞、88克镉，可以说，回收处置废电池不仅处理了污染源，而且也实现了资源的回收再利用。国外发达国家对废电池的回收与利用极为重视。西欧许多国家不仅在商店，而且直接在大街上都设有专门的废电池回收箱，废电池中95%的物质均可以回收，尤其是重金属回收价值很高。如国外再生铅业发展迅速，现有铅生产量的55%均来自于再生铅。而再生铅业中，废铅蓄电池的再生处理占据了很大比例。100千克废铅蓄电池可以回收50～60千克铅。对于含镉废电池的再生处理，国外已有较成熟的技术，处理100千克含镉废电池可回收20千克左右的金属镉，对于含汞电池则主要采用环境无害化处理手段防止其污染环境。而中国目前在这方面的管理相当薄弱。

## 物理知识小链接

废电池虽小，危害却甚大。但是，由于废电池污染不像垃圾、空气和水污染那样可以凭感官感觉得到，具有很强的隐蔽性，所以没有得到应有的重视。目前，中国已成为电池生产和消费的大国，废电池污染是迫切需要解决的一个重大环境问题。

## 冰箱是如何制冷的

最近，因为电路检修的关系，小区里总是停电。这不，这次一停就是一整天，大夏天的，没有空调，也没有冰箱，娜娜一家着急死了。娜娜妈妈还在小区里经营了一家饭店，停电了，冰箱里很多的冷冻的食品容易变质。后来，娜娜爸爸想到了一个方法——借来一个发电机，这下，冰箱又重新工作了。

晚上，娜娜问妈妈："妈妈，冰箱是怎么制冷让食物不变质的呢？"

妈妈说："这涉及冰箱的工作原理……"

很多人也许会疑惑，为什么冰箱可以制冷，它的原理又是什么。冰箱是我们每天必须用的家电，为了防止食物变味，冰箱在这里充当一个保鲜的角色，那么今天就来为大家揭秘冰箱制冷原理到底是什么？

其实，人类从很早的时候就已懂得，在较低的温度下保存食品不容易腐败。公元前2000多年，西亚古巴比伦的幼发拉底河和底格里斯河流域的古代居民就已开始在坑内堆垒冰块以冷藏肉类。中国在商代（公元前17世纪初—前11世纪）也已懂得用冰块制冷保存食品了。在中世纪，许多国家还出现过把冰块放在特制的水柜或石柜内以保存食品的原始冰箱。直到19世纪50年代，美国还有这种冰箱出售。

1822年，英国著名物理学家法拉第发现了氧化碳、氨、氯等

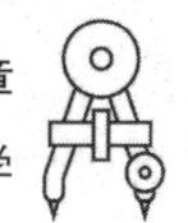

气体在加压的条件下会变成液体，压力降低时又会变成气体的现象。在由液体变为气体的过程中会大量吸收热量，使周围的温度迅速下降。法拉第的这一发现为后人发明压缩机等人工制冷技术提供了理论基础。第一台人工制冷压缩机是由哈里森于1851年发明的。哈里森是澳大利亚《基朗广告报》的老板，在一次用醚清洗铅字时，他发现醚涂在金属上有强烈的冷却作用。醚是一种沸点很低的液体，它很容易发生蒸发吸热现象。哈里森经过研究制出了使用醚和冰箱压力泵的冷冻机，并把它应用在澳大利亚维多利亚的一家酿酒厂，供酿酒时制冷降温用。

1873年，德国化学家、工程师卡尔·冯·林德发明了以氨为制冷剂的冷冻机。林德用一台小蒸汽机驱动压缩系，使氨受到反复的压缩和蒸发，产生制冷作用。林德首先将他的发明用于威斯

巴登市的塞杜马尔酿酒厂，设计制造了一台工业用冰箱。后来，他将工业用冰箱加以改进，使之小型化，于1879年制造出了世界上第一台人工制冷的家用冰箱。这种蒸汽动力的冰箱很快就投入了生产，到1891年时，已在德国和美国售出了12000台。

第一台用电动机带动压缩机工作的冰箱是由瑞典工程师布莱顿和孟德斯于1923年发明的。后来一家美国公司买去了他们的专利，1925年生产出第一批家用电冰箱。最初的电冰箱其电动压缩机和冷藏箱是分离的，后者通常是放在家庭的地窖或贮藏室内，通过管道与电动压缩机连接，后来才合二为一。

在20世纪30年代以前，冰箱使用的制冷剂大多不安全，如醚、氨、硫酸等，或易燃，或腐蚀性强，或刺激性强等。后来开始探寻比较安全的制冷剂，结果找到了氟里昂。氟里昂是无毒、无腐蚀、不可燃的氟化合物，很快它就成为各种制冷设备的制冷剂了，一直沿用了50多年。但人们又发现氟里昂对地球大气的臭氧层有破坏作用。于是人们又开始寻找新的、更好的制冷剂了。

压缩机不断地抽吸蒸发器中的制冷剂蒸汽，并将制冷剂压缩成高压、高温蒸汽发至冷凝器。制冷剂蒸汽在冷凝器中放出热量，而被冷凝成液体。液体制冷剂通过干燥过滤器进行过滤干燥，清除制冷剂中的杂质和水分。制冷剂在节流元件毛细管中从高压变为低压，并出现少量液化的制冷剂。制冷剂离开节流元件毛细管时，变为液、气两相混合状态，继而进入蒸发器。制冷剂在蒸发器中沸腾蒸发，从被冷却物体中吸取热量由液态转换为气态。然后低压、高温制冷剂蒸汽再由压缩机抽吸、压缩，进入下一次循环。

双系统与单系统的最大区别就是增加了电磁阀。压缩机不断地抽吸蒸发器中的制冷剂蒸汽，并将制冷剂压缩成高压、高温蒸汽发至冷凝器。制冷剂蒸汽在冷凝器中放出热量，而被冷凝成液体。液体制冷剂通过干燥过滤器进行过滤干燥，清除制冷剂中的杂质和水分。冷凝后的液体制冷剂通过电磁阀，电磁阀控制制冷剂的流向和流量，制冷剂优先经过冷藏，当冷藏达到设定的温度后，就会通过传感器给电磁阀一个信号，电磁阀就会关闭冷藏，制冷剂此时只流向冷冻，直到冷冻达到设定温度。制冷剂经过电磁阀后进入节流元件毛细管，然后进入蒸发器。

## 物理知识小链接

冰箱是保持恒定低温的一种制冷设备，也是一种使食物或其他物品保持恒定低温冷态的民用产品。箱体内有压缩机、制冰机用以结冰的柜或箱，带有制冷装置的储藏箱。

# 第8章

# 日新月异，看看生活中的物理小发明

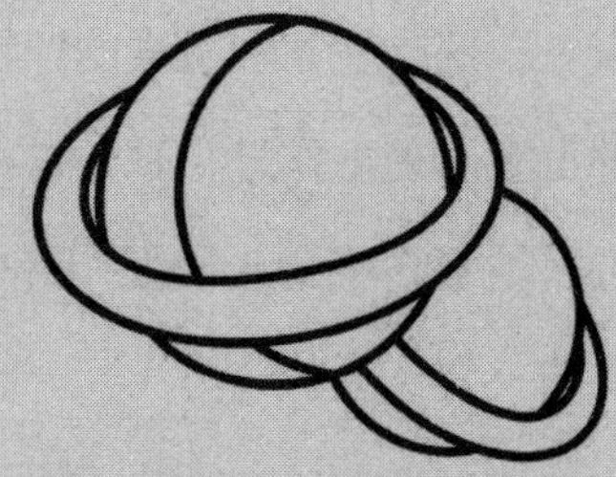

现代社会，随着物理学在科学技术上的应用，我们的生活也发生了日新月异的变化，从一开始的电灯电话到现在的冰箱、洗衣机、抽水马桶等，可以说，有物理就有发明创造，那么，这些发明创造的原理是什么呢？接下来，我们来细细分析。

## 摩擦生热——火柴的发明

小燕的妈妈是一名家庭主妇，平时最主要的事情是做饭、做家务、照顾女儿和丈夫的饮食起居，从结婚到女儿长这么大，她都没有出去工作过，日子过得也快，转眼女儿都小学毕业了。最近，她想趁着女儿暑假，出去玩一次，这一想法得到了丈夫和女儿的一致认可。

他们的第一站就是郊区的农家田园，这是女儿第一次来农村，小燕很兴奋，还主动要求帮助田园老板生火做饭。

她拿起一些树叶，然后看到火柴，准备生火，但是怎么都点不着，妈妈走过来，说："我来吧。"

不到一会儿，火苗就旺起来了，小燕说："还是妈妈厉害啊，不过，现在人都用打火机了，火柴多麻烦，也不知道谁发明的。"

"以前没有打火机呢，我们小时候也都是用的火柴，火柴在以前，我们还叫'洋火'呢……"

火柴是我们生活中比较常见的一种物品，是根据物体摩擦生热的原理，利用强氧化剂和还原剂的化学活性，制造出的一种能摩擦发火的取火工具。

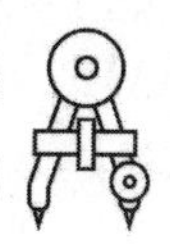

那么，火柴是由谁发明的呢？根据记载，最早的火柴是我国在公元577年发明的，当时是南北朝时期，战事四起，北齐腹背受敌进迫，物资短缺，尤其是缺少火种，烧饭都成问题，当时一班宫女神奇地发明了火柴，不过我国古代的火柴都只不过是一种引火的材料。其后在马可波罗时期传入欧洲，后来欧洲人就在这个基础上发明一度被人称为“洋火”的现代火柴。“洋火”能借着摩擦生火。而发明这种火柴的人是英国的沃克，他在1826年利用树胶和水制成了膏状的硫化锑和氯化钾，涂在火柴梗上并夹在砂纸上拉动便产生火。

可是早期生产的火柴有两个非常致命的缺点：（1）黄磷非常稀少及遇热容易自燃，非常危险。（2）黄磷是有毒的，造火柴的工人一不小心就会中毒身亡。在1852年经过瑞典人距塔斯脱伦姆的改进，发明了安全火柴。以磷和硫化合物为发火物，必须在涂上红磷的匣子上摩擦才能生火，安全程度提高。

既然火柴在南北时期才发明，那么前人是怎样生火呢？原来古人是利用两根木枝互相摩擦而生火，继后使用打火石及铁片，但生火需时比较长，需要一、两分钟。火柴的出现令人们的生活变得更方便，到了近代，打火机以及电子打火器已逐渐取代传统火柴的地位，但火柴还有其独特的一面是无可取替的，就是它所产生的火焰颜色是最美的。

火柴的出现为我们人类的生活带来方便外，更为世界的文明进步作出贡献。相信有很多人都读过安徒生的《卖火柴的女孩》，这篇脍炙人口的童话写于1848年，当时摩擦火柴发明只不过是十几年的功夫，但他在1835年也写过一篇童话《打火匣》，关于一块神奇火石，19世纪新旧两种取火方法的交替之中，安徒生这两篇的童话正是那个过渡时代的缩影。或许有些人觉得火柴是不起眼的东西，但你是否想过如果没有火柴，我们的生活可能还会像钻木取火那样不方便呢。

18世纪的下半叶主要是利用黄磷为发火剂。由于黄磷有毒，后来又逐渐为硫化磷火柴取代。后者虽然无毒，但随时都有自燃的可能，很不安全。1855年，在瑞典建立的火柴厂成功研制的安全火柴，逐渐为世界各国所采用。

当今火柴盒的侧面涂有红磷（发火剂），三硫化二锑（$Sb_2S_3$，易燃物）和玻璃粉；火柴头上的物质一般是$KClO_3$、$MnO_2$（氧化剂）和S（易燃物）等。当两者摩擦时，因摩擦产生的热使与$KClO_3$等接触的红磷发火并引起火柴头上的易燃物燃烧，从而使火柴杆着火。安全火柴的优点是红磷没有毒性，并且它和氧化剂分别粘附在火柴盒侧面和火柴杆上，不用时二者不接触。所以叫安全火柴。

从附加商业利益来说，世界上有18.8亿的烟民，对于这么大的一个群体来说“火”的需求是非常庞大的，而打火机作为一种实用的广告媒体，其作用是不言而喻。

烟民随时要用“火”。由于现代工具的发展，打火机的生产量很大，如今更容易买到打火机。打火机对于烟民来说，使用起

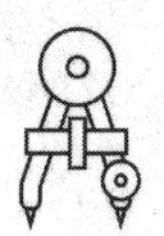

来更合适。但打火机致命的缺点是不耐保存。打火机里面的气体易蒸发，放上数月或一年半载里面的气体多蒸发尽了，自然也打不着火了。而火柴耐于存放，放个十几年仍然同新的一样使用。不是烟民的人不常用火，一般将耐存储的火柴存放起来，很长时间才偶尔点一下东西。

简单说就是火柴耐放，主要是储存起来偶尔使用的，而打火机是烟民和一些人时刻使用的。因此我们时刻见到的是打火机而不是存储起来偶尔使用的火柴。

### 物理知识小链接

火柴头上主要含有氯酸钾、二氧化锰、硫磺和玻璃粉等。火柴杆上涂有少量的石蜡。火柴盒两边的摩擦层是由红磷和玻璃粉调和而成的。火柴着火的主要过程是：（1）火柴头在火柴盒上划动时，产生的热量使磷燃烧；（2）磷燃烧放出的热量使氯酸钾分解；（3）氯酸钾分解放出的氧气与硫反应；（4）硫与氧气反应放出的热量引燃石蜡，最终使火柴杆着火。

## 为人类带来光明——爱迪生发明电灯的故事

终于到周末了，周五晚上，天天感叹，明天终于不用早起上学了，所以他可以玩会儿电脑，晚点睡觉了。

谁知道，晚饭一过，居然停电了。爸爸说："奇怪，我们小区很少停电啊，怎么回事，不会是咱家电路坏了吧。"

"不是，你看，整栋楼都没电了呢。"妈妈回答。

"天哪，真是的，我好不容易到周末休息了，居然停电，真是要疯了。"天天抱怨着。

"别急，估计一会儿会来电吧，话说，如果没有电灯，人类的夜晚真是一片漆黑啊。"爸爸感叹。

"所以说，电灯是人类最伟大的发明之一了。"妈妈补充道。

的确，在电灯问世以前，人们照明的方式有很多种，但是既不安全又不方便。

1879年10月21日，一位美国发明家通过长期的反复试验，终于点亮了世界上第一盏有实用价值的电灯。从此，这位发明家的名字，就像他发明的电灯一样，走入了千家万户。他，就是被后人赞誉为"发明大王"的爱迪生。

1847年2月11日，爱迪生诞生于美国俄亥俄州的米兰镇。他一生只在学校里念过三个月的书，但他勤奋好学，勤于思考，其发明创造了电灯、留声机、电影摄影机等1000多种成果，为人类做出了重大的贡献。

爱迪生12岁时，便沉迷于科学实验之中，经过自己孜孜不倦地自学和实验，16岁那年，便发明了每小时拍发一个信号的自动电报机。后来，又接连发明了自动数票机，第一架实用打字机、

二重与四重电报机、自动电话机和留声机等。有了这些发明成果的爱迪生并不满足，1878年9月，爱迪生决定向电力照明这个堡垒发起进攻。他翻阅了大量的有关电力照明的书籍，决心制造出价钱便宜，经久耐用，而且安全方便的电灯。

他从白热灯着手试验。把一小截耐热的东西装在玻璃泡里，当电流把它烧到白热化的程度时，便由热而发光。他首先想到炭，于是就把一小截炭丝装进玻璃泡里，刚一通电可马上就断裂了。

“这是什么原因呢？”爱迪生拿起断成两段的炭丝，再看看玻璃泡，过了许久，才忽然想起，“噢，也许因为这里面有空气，空气中的氧又帮助炭丝燃烧，致使它马上断掉！”于是他用自己手制的抽气机，尽可能地把玻璃泡里的空气抽掉。一通电，果然没有马上熄掉。但8分钟后，灯还是灭了。

可不管怎么说，爱迪生终于发现：真空状态时白热灯显得非常重要，关键是炭丝，问题的症结就在这里。

那么应选择什么样的耐热材料好呢？

爱迪生左思右想，熔点最高，耐热性较强要算白金啦！于是，爱迪生和他的助手们，用白金试了好几次，可这种熔点较高的白金，虽然使电灯发光时间延长了好多，但不时要自动熄掉再自动发光，仍然很不理想。

爱迪生并不气馁，继续着自己的试验工作。他先后试用了钡、钛、铟等各种稀有金属，效果都不很理想。

过了一段时间，爱迪生对前边的实验工作做了一个总结，把自己所能想到的各种耐热材料全部写下来，总共有1600种之多。

接下来，他与助手们将这1600种耐热材料分门别类地开始试验，可试来试去，还是采用白金最为合适。由于改进了抽气方法，使玻璃泡内的真空程度更高，灯的寿命已延长到2个小时。但这种由白金为材料做成的灯，价格太昂贵了，谁愿意花这么多钱去买只能用2个小时的电灯呢？

实验工作陷入了低谷，爱迪生非常苦恼。一个寒冷的冬天，爱迪生在炉火旁闲坐，看着炽烈的炭火，口中不禁自言自语道："炭、炭……"

可用木炭做的炭条已经试过，该怎么办呢？爱迪生感到浑身燥热，顺手把脖子上的围巾扯下，看到这用棉纱织成的围脖，爱迪生脑海突然萌发了一个念头：

对！棉纱的纤维比木材的好，能不能用这种材料？

他急忙从围巾上扯下一根棉纱，在炉火上烤了好长时间，棉纱变成了焦焦的炭。他小心地把这根炭丝装进玻璃泡里，一试验，效果果然很好。

爱迪生非常高兴，紧接着又制造很多棉纱做成的炭丝，连续

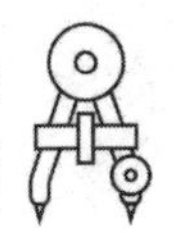

进行了多次试验。灯炮的寿命一下子延长13个小时，后来又达到45小时。

这个消息一传开，轰动了整个世界。英国伦敦的煤气股票价格狂跌，煤气行也出现一片混乱。人们预感到，点燃煤气灯即将成为历史，未来将是电光的时代。

大家纷纷向爱迪生祝贺，可爱迪生却无丝毫高兴的样子，摇头说道："不行，还得找其他材料！"

"怎么，亮了45个小时还不行？"助手吃惊地问道。"不行！我希望它能亮1000个小时，最好是16000个小时！"爱迪生答道。

大家知道，亮1000多个小时固然很好，可去找什么材料合适呢？

爱迪生这时心中已有数。他根据棉纱的性质，决定从植物纤维这方面去寻找新的材料。

于是，马拉松式的试验又开始了。凡是植物方面的材料，只要能找到，爱迪生都做了试验，甚至连马的鬃，人的头发和胡子都拿来当灯丝试验。最后，爱迪生选择竹这种植物。他在试验之前，先取出一片竹子，用显微镜一看，高兴得跳了起来。于是，把炭化后的竹丝装进玻璃泡，通上电后，这种竹丝灯泡竟连续不断地亮了1200个小时！

这下，爱迪生终于松了口气，助手们纷纷向他祝贺，可他又认真地说道："世界各地有很多竹子，其结构不尽相同，我们应认真挑选一下！”

助手深为爱迪生精益求精的科学态度所感动，纷纷自告奋勇到各地去考察。经过比较，在日本出产的一种竹子最为合适，便大量从日本进口这种竹子。与此同时，爱迪生又开设电厂，架设电线。过了不久，美国人民便用上这种价廉物美、经久耐用的竹丝灯泡。

竹丝灯用了好多年。直到1906年，爱迪生又改用钨丝来做，使灯泡的质量又得到提高，一直沿用到今天。

物理知识小链接

电灯，即用电作能源的人造照明用具，能将电转化为光，大大推动了人类文明的进步。常见的电灯种类有白炽灯、荧光灯、LED灯等。

## 千里传音——贝尔发明电话的故事

乒乒又转学了，因为他的妈妈工作地点不稳定，需要经常调动，而他的爸爸是名飞行员，更是没时间照顾他，经常转学让乒乒很苦恼，每到一个新地方，他刚交到朋友，就要分离。所以，久而久之，乒乒宁愿不交朋友，自己上学放学。

乒乒的妈妈方女士发现儿子最近好像孤僻了，所以决定找个

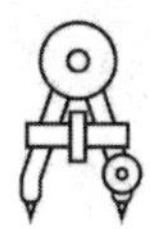

机会与儿子谈谈。

这天晚饭后，妈妈说："兵兵，最近在学校怎么样？跟同学们处的如何？"

"还行吧，就那样。"兵兵答。

"我知道，都是妈妈的原因，让你跟着我漂泊，但是如果你想念以前的朋友，妈妈可以抽时间带你回去看他们。"妈妈语重心长地说。

"真的吗？"兵兵雀跃起来。

"是真的。"

"我很想王晓文，还是三年级的那个同学，去过咱们家。"

"嗯，另外，其实你们可以经常通电话啊，现在通讯这么发达，经常通电话能联络同学情谊呢，以前我们读书时候，很少打电话，都是写信，太慢了。"

"嗯，话说电话是什么时候发明的啊？"

这里，对于兵兵的问题，我们要从电话的发明过程谈起：

1847年3月3日，亚历山大·贝尔出生在英国的爱丁堡。他的父亲和祖父都是颇有名气的语言学家。

1869年，22岁的贝尔受聘美国波士顿大学，成为这所大学的语音学教授。贝尔在教学之余，还研究教学器材。

有一次，贝尔在做聋哑人用的"可视语言"实验时，发现了一个有趣的现象：在电流流通和截止时，螺旋线圈会发出噪声，就像电报机发送莫尔斯电码时发出的"嘀答"声一样。

“电可以发出声音！”思维敏捷的贝尔马上想到，“如果能够使电流的强度变化，模拟出人在讲话时的声波变化，那么，电流将不仅可像电报机那样输送信号，还能输送人发出的声音，这也就是说，人类可以用电传送声音。”

贝尔越想越激动。他想：“这一定是一个很有价值的想法。”于是，他将自己的想法告诉电学界的朋友，希望从他们那里得到有益的建议。然而，当这些电学专家听到这个奇怪的设想后，有的不以为然，有的付之一笑，甚至有一位不客气地说：“只要你多读几本《电学常识》之类的书，就不会有这种幻想了。”

贝尔碰了一鼻子灰，但并不沮丧。他决定向电磁学泰斗亨利先生请教。

亨利听了贝尔的一五一十的介绍后，微笑着说：“这是一个好主意！我想你会成功的！”

“尊敬的先生，可我是学语音的，不懂电磁学。”贝尔怯怯地说，“恐怕很难变成现实。”

“那你就学会它吧。”亨利斩钉截铁地说。

得到亨利的肯定和鼓励，贝尔觉得自己的思路更清晰了，决心也更大了。他暗暗打定主意：“我一定要发明电话。”

此后，贝尔便一头扎进图书馆，从阅读《电学常识》开始，直至掌握了最新的电磁研究动态。

有了坚实的电磁学理论知识，贝尔便开始筹备试验。他请来18岁的电器技师沃特森做试验助手。

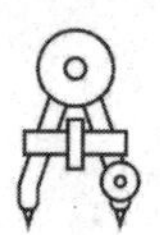

接着，贝尔和沃特森开始试验。他们终日关在试验室里，反复设计方案、加工制作，可一次次都失败了。“我想你会成功的”，亨利的话时时回荡在贝尔的耳边，激励着贝尔以饱满的热情投入研制工作中去。

光阴如流水，两个春秋过去了。

1875年5月，贝尔和沃特森研制出两台粗糙的样机。这两台样机是在一个圆筒底部蒙上一张薄膜，薄膜中央垂直连接一根炭杆，插在硫酸液里。这样，人对着它讲话时，薄膜受到振动，炭杆与硫酸接触的地方电阻发生变化，随之电流也发生变化；接收时，因电流变化，也就产生变化的声波。由此实现了声音的传送。

可是，经过验证，这两台样机还是不能通话。试验再次失败。

经反复研究、检查，贝尔确认样机设计、制作没有什么问题。“可为什么失败了呢？”贝尔苦苦思索着。

一天夜晚，贝尔站在窗前，锁眉沉思。忽然，从远处传来了悠扬的吉他声。那声音清脆而又深沉，美妙极了！

“对了，沃特森，我们应该制作一个音箱，提高声音的灵敏度。”贝尔从吉他声中得到启迪。

于是，两人马上设计了一个制作方案。一时没有材料，他们把床板拆了。几个小时奋战之后，音箱制成了。

1875年6月2日，他们又对带音箱的样机进行试验。贝尔在实验室里，沃特森在隔着几个房间的另一头。贝尔一面在调整机器，一面对着送话器呼唤起来。

忽然，贝尔在操作时，不小心把硫酸溅到腿上，他情不自禁地喊道："沃特森先生，快来呀，我需要你！"

"我听到了，我听到了。"沃特森高兴地从那一头冲过来。他顾不上看贝尔受伤的地方，把贝尔紧紧拥抱住。贝尔此时也忘了疼痛，激动得热泪盈眶。

当天夜里，贝尔怎么也睡不着。他半夜爬起来，给母亲写一封信。信中他写道：

"今天对我来说，是个重大的日子。我们的理想终于实现了！未来，电话将像自来水和煤气一样进入家庭。人们各自在家里，不用出门，也可以进行交谈了。"

可是，人们对这新生事物的诞生反应冷漠，觉得它只能用来做做游戏，没什么实用价值。

贝尔一方面对样机进行完善，另一方面利用一切机会宣传电话的使用价值。

两年之后的1878年，贝尔在波士顿和纽约之间（两地相距300公里）进行首次长途电话试验，结果也获得成功。在这以后，电话很快在北美各大城市盛行起来。

## 物理知识小链接

电话是一种可以传送与接收声音的远程通信设备。早在18世

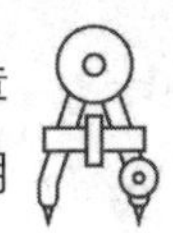

纪欧洲已有“电话”一词，用来指用线串成的话筒（以线串起杯子）。电话的出现要归功于亚历山大·格拉汉姆·贝尔，早期电话机的原理为：说话声音为空气里的复合振动，可传输到固体上，通过电脉冲于导电金属上传递。贝尔于1876年3月申请了电话的专利权。

## 记录点滴——照相机的发明

小进的爸爸妈妈是徒步旅行爱好者，他们一有时间就会带着小进进行野外旅行，五一长假前一天晚上，小进一家人开始收拾行囊。

“爸，你看我还要带什么？”小进问爸爸。

小进爸爸看了看儿子的背包，然后说：“我觉得还得带个照相机啊，出去旅行不拍照怎么行”

“你说得对。”小进开始找照相机。然后继续说：“爸，相机这么神奇的东西谁发明的啊？”

那么，照相机到底是怎么发明的？原理又是什么呢？

相机是用感光胶片把景物拍摄下来的摄影器材。它的发明经历了漫长的岁月。

我国对光和影像的研究，有着十分悠久的历史。早在公元前四百多年，我国的《墨经》一书就详细记载了光的直线前进、光的反射，以及平面镜、凹面镜、凸面镜的成像现象。到了宋代，在沈括（1031—1095）所著的《梦溪笔谈》一书中，还详细叙述了“小孔成像匣”的原理。

在16世纪文艺复兴时期，欧洲出现了供绘画用的“成像暗箱”。

1839年8月19日，法国画家达盖尔公布了他发明的“达盖尔银版摄影术”，于是世界上诞生了第一台可携式木箱照相机。

1841年光学家沃哥兰德发明了第一台全金属机身的照相机。该相机安装了世界上第一只由数学计算设计出的、最大相孔径为1∶3.4的摄影镜头。

1845年德国人冯·马腾斯发明了世界上第一台可摇摄150°的转机。1849年戴维·布鲁司特发明了立体照相机和双镜头的立体观片镜。1861年物理学家马克斯威发明了世界上第一张彩色照片。

1866年德国化学家肖特与光学家阿具在蔡司公司发明了钡冕光学玻璃，产生了正光摄影镜头，使摄影镜头的设计制造得到迅速发展。1888年美国柯达公司生产出了新型感光材料——柔软、可卷绕的“胶卷”。这是感光材料的一个飞跃。同年，柯达公司发明了世界上第一台安装胶卷的可携式方箱照相机。

1906年美国人乔治·希拉斯首次使用了闪光灯。1913年德国人奥斯卡·巴纳克研制出了世界上第一台135照相机。

在1839—1924年这个照相机发展的第一阶段中，同时还出现了一些新颖的钮扣形、手枪形等照相机。

1925—1938年为照相机发展的第二阶段。这段时间内，德国的莱兹、罗莱、蔡司等公司研制生产出了小体积、铝合金机身等

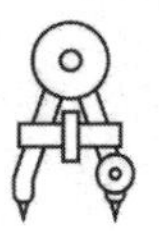

双镜头及单镜头反光照相机。

在此阶段，照相机的性能逐步提高和完善，光学式取景器、测距器、自拍机等被广泛采用，机械快门的调节范围不断扩大。照相机制造业开始大批量生产照相机，各国照相机制造厂纷纷仿制莱卡型和罗莱弗莱型照相机。黑白感光胶片的感光度、分辨率和宽容度不断提高，彩色感光片开始推广。

接下来，我们看看传统相机的成像过程：

（1）镜头把景物影像聚焦在胶片上

（2）胶片上的感光剂随光发生变化

（3）胶片上受光后变化了的感光剂经显影液显影和定影形成和景物相反或色彩互补的影像

数码相机成像过程：

（1）经过镜头光聚焦在CCD或CMOS上。

（2）CCD或CMOS将光转换成电信号。

（3）经处理器加工，记录在相机的内存上。

（4）通过电脑处理和显示器的电光转换，或经打印机打印便形成影像。

照相机的工作原理：

对胶片相机而言，景物的反射光线经过镜头的会聚，在胶片上形成潜影，这个潜影是光和胶片上的乳剂产生化学反应的结果。再经过显影和定影处理就形成了影像。

数码相机是通过光学系统将影像聚焦在成像元件CCD/CMOS

上，通过A/D转换器将每个像素上光电信号转变成数码信号，再经DSP处理成数码图像，存储到存储介质当中。

光线从镜头进入相机，CCD进行滤色、感光（光电转化），按照一定的排列方式将拍摄物体“分解”成了一个一个的像素点，这些像素点以模拟图像信号的形式转移到“模数转换器”上，转换成数字信号，传送到图像处理器上，处理成真正的图像，之后压缩存储到存储介质中。

照相机简称相机，是一种利用光学成像原理形成影像并使用底片记录影像的设备。很多可以记录影像的设备都具备照相机的特征，医学成像设备、天文观测设备等。照相机是用于摄影的光学器械。被摄景物反射出的光线通过照相镜头（摄景物镜）和控制曝光量的快门聚焦后，被摄景物在暗箱内的感光材料上形成潜像，经冲洗处理（即显影、定影）构成永久性的影像，这种技术称为摄影术，分为一般的照相与专业的摄像。

## 行走中的人与车——自行车的发明

小仙的爸爸妈妈是骑行爱好者，他们一有时间就会出去骑行，最远的时候穿过了整个省，五一长假前一天晚上，小仙一家

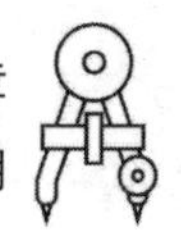

人开始商量五一的骑行行程。

“爸，你们能带上我吗？”小仙问爸爸。

小仙爸爸看了看女儿，然后说：“我觉得可以，你已经十几岁了，不过得先给你买辆单车啊。”

“我上学时用的那辆不行吗？”小仙问。

“不是不可以，但是专业的骑行车更安全。”

“哦，这样，爸爸，问你个问题，骑行车是什么时候开始出现的，是谁发明的啊？”

的确，现在，自行车像潮水一样，遍及世界各地，进入家家户户。但很少有人知道，发明自行车的是德国的一个看林人，名叫德莱斯（1785—1851）。

德莱斯原是一个看林人，每天都要从一片林子走到另一片林子，多年走路的辛苦，激起了他想发明一种交通工具的欲望。他想：如果人能坐在轮子上，那不就走得更快了吗！就这样，德莱斯开始设计和制造自行车。他用两个木轮、一个鞍座、一个安在前轮上起控制作用的车把，制成了一辆轮车。人坐在车上，用双脚蹬地驱动木轮运动。就这样，世界上第一辆自行车问世了。

1817年，德莱斯第一次骑自行车旅游，一路上受尽人们的讥笑，他决心用事实来回答这种讥笑。一次比赛，他骑车4小时通过的距离，马拉车却用了15个小时。尽管如此，仍然没有一家厂商愿意生产、出售这种自行车。

1839年，苏格兰人马克米廉发明了脚蹬，装在自行车前轮上，使自行车技术大大提高了一步。此后几十年中，涌现出了各种各样的自行车，如风帆自行车、水上踏车、冰上自行车、五轮自行车，自行车逐渐成为大众化的交通工具。以后随着充气轮胎、链条等的出现，自行车的结构越来越完善。

德莱斯还发明了绞肉机、打字机等，都能减轻劳动强度。现在铁路工人在铁轨上利用人力推进的小车，也是德莱斯发明的，所以称它为“德莱斯”。

那么，自行车的骑行原理是什么呢?

自行车是传动式机械，它的传动装置包括主动齿轮、被动齿轮、链条及变速器等。齿轮比与传动比关系着自行车的使用效率。后轮运转实质在于：在链条传动下的飞轮带动后轮转动，飞轮与后轮具有相同的角速度，而后轮半径远大于齿轮半径，线速度增大，提高了车速。自行车的踏脚用到了杠杆原理。以飞轮的轮轴为支点，用较长的铁杆来转动链条上的飞轮，可以省力。踏脚飞轮上用到了齿轮，以防止链条打滑。自行车上的链条与车子的后轮之间

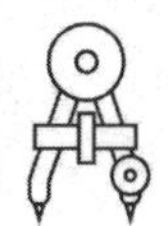

也采用了齿轮传动。并且应用了比踏脚飞轮更小的齿轮，可以节省踏脚所用的力，同时，还提高了自行车后车轮运转时的速度。

自行车的刹车系统也用到了杠杆原理。以车把上的刹车柄的转折关节为支点，起到了省力的作用。想停住自行车，一个人拉都有点困难，但这么一捏，马上能停住。简单的机械在生活中起到的作用真是不可思议啊！

前触闸：前触闸是靠杠杆原理制动的。当手握紧闸把时，闸把的另一头将接头、拉杆、拉管向下压，使闸皮向下压至与轮胎接触，产生摩擦制动力。其缺点是刹车效果与轮胎充气程度有关。充气不足时，会使摩擦力减小，影响刹车效果。脚蹬是轮轴，但是轮轴也用了杠杆的原理。

自行车是一种机械，它由许多的简单机械构成：执行部分的车把，控制部分中的车闸把，后闸部件中的前曲拐、后曲拐及支架，货架上的弹簧夹，车铃的按钮等部件都属于杠杆，包括传动部分中的脚蹬：

（1）脚踏板是动力，链条是阻力，支点是中间圆盘的轴。

（2）后轮外圈的车胎是阻力，自行车链条是动力，车轮轴是支点。行车刹车由鼓式、轮圈式到碟刹式，与时俱进。

碟刹的使用愈来愈普及，而刹车这种安全、保命装置，没有失败的权利。我们意在认识碟刹，不在论断、区别好坏。选择及采用何种系统，应是使用者依据自己的骑乘方式、需求、预算等的衡量，各取所需，各有所用。

### 物理知识小链接

自行车，又称脚踏车或单车，通常是二轮的小型陆上车辆。人骑上车后，以脚踩踏板为动力，是绿色环保的交通工具。英文bicycle。其中bi意指二，而cycle意指轮，即两轮车。在中国内地、新加坡，通常称其为“自行车”或“脚踏车”；在港澳则通常称其为“单车”（其实粤语通常都这么称呼）；而在日本称为“自転（转）车”。自行车种类很多，有单人自行车，双人自行车，还有多人自行车。

## 舒适的如厕——抽水马桶的发明

周六一大早，爸爸妈妈就带着丹丹来农村的爷爷奶奶家了。

丹丹很喜欢农村，也喜欢在爷爷家玩，但就是不喜欢农村的厕所，臭气熏天不说，上厕所还累。

这次和往常一样，丹丹出来后，接连抱怨：“爸爸，你能不能给爷爷家也装个抽水马桶，我个小孩儿蹲那么久都累，别说爷爷奶奶了。”

丹丹妈一听，也说：“是啊，公公腿脚现在也不利索，我看真的可以装一个，现在家里用的也是自来水，是可以的，你说呢？”

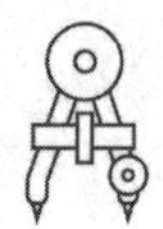

丹丹爸爸表态了：“嗯，我看可以。”

丹丹又问：“嗨，抽水马桶果然是本世纪最伟大的发明。”

爸爸说：“抽水马桶可不是本世纪的产物……”

的确，马桶，是我们每个家庭必不可少的东西，俗话说，人有三急，此三急是离不开马桶的，可见马桶的重要性。现在很多家庭都在使用抽水马桶，不仅使用起来方便还十分的实用，干净卫生，有些比较爱思考的朋友，可能都会对抽水马桶展开思考，抽水马桶原理是什么呢？

抽水马桶一般分为老式抽水马桶和新式抽水马桶，相比新式抽水马桶老式的在结构上还是比较的简单。老式的抽水马桶主要组成部分是进水管、出水管、水塞、渗水管、浮球、杠杆、放水旋钮等。老式的在放水的时候，是利用了杠杆的原理通过扳动旋钮将水塞拉起放水。水箱满了，水塞就会落下堵住水口。

新式抽水马桶是在老式抽水马桶的基础上改进的，主要的优点是省水、结构简单、降低成本。新式抽水马桶在结构上比老式的相对复杂一些，但是功能上有很大的改变。新式抽水马桶可以防止溅出水，有双按钮开关，小点的开关是应用小号，大点的开关是用于上大号的。既节约了水也节约了成本。这种防止溅水的抽水马桶是由双层底蓄水桶和马桶两部分组成的。这个结构主要是能够改变水位，使用不容易溅水。

那么，抽水马桶是什么原理呢？

抽水马桶的工作原理大致都是围绕着主要的组成部分来的，

即是当我们用完抽水马桶后，会按下水箱上面的防水按钮，此时按钮通过杠杆会将水塞拉起来，水箱里面的水就会流出来，当水箱里面的水被放完后，出口塞就会自动落下，以此来堵住可出水口，然后浮球会因为水箱内的水面下降，带动着杠杆将水塞拉起来，这样就可以使水进入水箱。

以上是简单地说明抽水马桶的工作原理，用专业的语言来说，就是抽水马桶的工作原理即是虹吸原理。抽水马桶中的抽水指坐便器下面的的那个S形弯，当在排水的时候，马桶里面的水如果超过了S弯这个点的时候，就产生了我们所说的虹吸原理，虹吸可以将座便器里面的脏污和污水一起吸走，一直不断地抽，直到里面只剩少许的水，虹吸便停止，这样就会留下少许的水，成了水封。

其实抽水马桶主要是由进水管、出水管、渗水管、水塞（进水和出水）、浮球、放水旋钮及杠杆、补水机关、水箱、便池（便池有连通水箱的弯管）这几种组成，而抽水马桶的基本原理是利用水的重力，将水的势能转换为水的动能，从而裹挟着排泄脏物进入下水管道，具体为：

（1）你按下按钮从而会拉动马桶内部的链子，所以就可以打开冲水阀了。

（2）然后你就会发现水箱中有大量的水冲到马桶

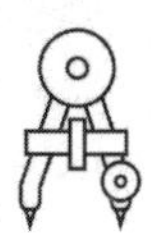

中，从而冲洗干净，这时候冲水阀也会回到原位。

（3）水的冲力将启动便池中的虹吸管，虹吸管会将便池中的污物吸到排水道中。

（4）同时，水箱中的水位将下降，浮块也将下降。下降的浮块会打开上水阀。

（5）水流经上水阀，为水箱和便池注水。水箱充水时，浮块将漂起，当浮块达到一定高度时，上水阀将闭合。

（6）如果马桶出现故障，上水阀无法闭合，溢流管可防止水箱中的水溢出。

水箱必须见足够的水以足够快的速度倒入便池，才能促发效果明显的虹吸现象。如果使用普通的家用水管，水流速度不够快，这将永远不会形成虹吸现象。所以水箱就像一个电容器。它大约30~60秒将自己充满，冲水时，水箱中的所有水在大约3秒内倾倒入便池中。

## 物理知识小链接

抽水马桶由以下主要部分组成：进水管、出水管、渗水管、水塞（进水和出水）、浮球、放水旋钮及杠杆、补水机关、水箱、便池（便池有连通水箱的弯管）。

抽水马桶的基本原理是利用水的重力，将水的势能转换为水的动能，从而裹挟着排泄脏物进入下水管道。

# 参考文献

[1]原康夫，右近修治. 不可思议的生活物理学[M]. 滕永红，译. 北京：科学出版社，2018.

[2]韩垒. 我的第一本趣味物理书（第2版）[M]. 北京：中国纺织出版社，2017.

[3]雅科夫·伊西达洛维奇·别莱利曼. 趣味物理书[M]. 北京：中国妇女出版社，2015.

[4]渡边仪辉. 学物理，就这么简单！[M]. 滕永红，译. 北京：科学出版社，2016.